小城镇规划建设丛书

U0275847

冯新刚 李霞 周丹 鲍巧玲 等著

小城镇特色规划编制指南

Characteristic Planning Guidelines of Town

中国建筑工业出版社

图书在版编目（CIP）数据

小城镇特色规划编制指南／冯新刚等著. —北京：
中国建筑工业出版社，2018.5
（小城镇规划建设丛书）
ISBN 978-7-112-22138-7

Ⅰ. ① 小… Ⅱ. ① 冯… Ⅲ. ① 小城镇－城市规划－
中国－指南 Ⅳ. ① TU984.2-62

中国版本图书馆CIP数据核字（2018）第086150号

　　我国城镇化进程已步入加速阶段，近年来，小城镇的规划建设水平有一定提升，但部分小城镇规划建设盲目照搬大城市模式、城镇风貌缺乏特色等现象较为普遍，部分小城镇甚至出现了"建设性破坏"，亟需对小城镇特色规划编制进行引导。为避免小城镇地域特色丧失、"千镇一面"现象蔓延，更好地指导全国小城镇规划和建设，提升小城镇规划编制质量和建设水平，住房和城乡建设部委托中国建筑设计研究院城镇规划设计研究院开展小城镇特色规划的研究工作，研究采取了多路径收集资料、多渠道征求意见、多方位剖析案例、多角度审视规范等工作方法，以100个全国优秀规划案例、40个实地调研案例、10个国外案例等大量第一手数据为基础，深入剖析小城镇特色缺失的主要成因，以问题为导向，采用正面案例引导与反面案例警示相结合，以图文并茂的形式提出小城镇特色规划编制要点，本书是在该课题研究成果基础上形成的，作为全国首部深入剖析小城镇问题、有针对性地提出指导性技术要点的著作，以更接地气、更通俗易懂的形式表达规划技术语言，以期基层规划建设管理工作有章可循、有据可依。

　　本书适用于小城镇各级规划建设管理人员、小城镇规划建设从业人员、相关专业院校师生。

责任编辑：唐　旭　李东禧　孙　硕
版式设计：锋尚设计
责任校对：芦欣甜

小城镇规划建设丛书
小城镇特色规划编制指南
冯新刚　李霞　周丹　鲍巧玲　等著

＊

中国建筑工业出版社出版、发行（北京海淀三里河路9号）
各地新华书店、建筑书店经销
北京锋尚制版有限公司制版
北京富诚彩色印刷有限公司印刷

＊

开本：787×1092毫米　1/16　印张：9½　字数：210千字
2018年5月第一版　　2018年5月第一次印刷
定价：68.00元
ISBN 978-7-112-22138-7
（32045）

《小城镇特色规划编制指南》编委会

核心作者： 冯新刚　李　霞　周　丹　鲍巧玲

参编作者： 陈　玲　杨　超　王润泽　张祥宇　谢　葳　王　迎　郭　星　于代宗
　　　　　贾　宁　单彦名　高朝暄　王　松　王　璐　王　迪　王　萌　陈梦莉
　　　　　刘雨佳　范晓杰　令晓峰　刘晓峰　王　浩　刘丹青　哈提热·乌斯曼
　　　　　高　明　王永祥

编写指导： 赵　晖　张学勤　卢英方　王旭东　张　雁　林岚岚　郭志伟　白　琳
　　　　　宋世明

专家顾问：（按姓氏笔画为序）
　　　　　丁　奇　王　林　王素琴　王　健　毛孝孟　方　明　石　楠　邢天河
　　　　　吕　佳　吕　斌　任　洁　刘彤起　刘海燕　孙　立　苏　莉　李晓江
　　　　　李　瑶　何　芩　余建中　汪　勰　张水明　张　立　张志杰　陈安华
　　　　　陈　鹏　陈　懿　赵　辉　荣西武　胡智清　姜　鹏　袁志根　耿　虹
　　　　　高　峰　梅耀林　曹广忠　曹昌智　彭庆荣　彭震伟　景　泉　程堂明
　　　　　靳东晓　蔡立力　谭　静

序 Preface

　　小城镇是新型城镇化建设的重要载体，是促进城乡融合发展最直接最有效的途径，在推进新型城镇化发展、经济转型升级和生态环境保护等方面发挥着重要作用。虽然我国在20世纪80年代就提出了"小城镇、大战略"，后又提出了大中小城市和小城镇协调发展的目标，但是从实际结果看，小城镇发展明显滞后。特别是近年来，小城镇规划建设照搬照抄和简单模仿城市，逐步丧失了原有的传统城镇肌理和特色风貌建筑。现行的镇规划标准等标准规范的许多规定脱离小城镇实际，缺乏指导性。各地对出台符合小城镇实际的指导文件的呼声日益高涨。怎样规划好、建设好小城镇，让小城镇呈现出区别于城市功能和风貌特征是当下亟待解决的难题。近年来，住房城乡建设部村镇建设司委托中国建筑设计院城镇规划设计研究院开展小城镇特色规划编制技术导则研究课题，着力于凝练出一些最能够保持和彰显小城镇特色的关键要素，从而能够更加科学有效地指导小城镇规划建设。

　　中国建筑设计院城镇规划设计研究院多年来深耕小城镇特色规划建设领域，在课题研究过程中开展了大量、全面、深入的调研，在系统梳理小城镇现状基础上提炼出九个影响小城镇风貌塑造要素，并通过正面案例引导、反面案例警示等方式归纳出系列规划要求。如，关于镇的居住用地比例，课题组根据大量调查发现，有一半的小城镇现状居住用地比例超过了50%，该研究提出规划居住用地比例上限应提高至55%；关于道路间距，小城镇步行、电动车出行比重在60%以上，对支路和巷路的需求更高，该研究提出小城镇生活型干路网的间距在150～250米之间、支路间距在80～150米、巷路间距在50～80米。这份研究成果较好地吸纳了各地村镇建设的成熟经验，广泛征求了各大院校专家的意见建议，具有较高的学术价值和实践意义。本书图文并茂的表达形式通俗易懂、较接地气，可以作为基层管理人员、规划设计单位从事村镇规划建设工作的有益借鉴和技术依据。

　　我国除县城城关镇以外的建制镇接近1.9万个。每个小城镇的格局、街巷和建筑都代表着一段历史、一种文化和一种精神，蕴藏着大量的历史文化资源，闪烁着丰富多彩的地区和民族特色。如果我们把这些小城镇建得更好，就是让整个国家建设得更具中国特色。当前对于小城镇规划建设的技术和理论讨论还远远不够，谨向广大读者推荐此书，希望有更多的人投入到对小城镇的思考和研究中来。

住房和城乡建设部总经济师

2018年4月

前 言 Foreword

当前，我国的城镇化已步入加速阶段，小城镇也进入了快速发展时期，尤其是2000年以来，各地的小城镇在老镇区改造和新镇区建设上做了大量工作。由于长期以来我们只重视小城镇的产业发展，在规划、建设和管理中缺乏有效的协调和指导，许多小城镇在规划建设上甚至走入了不切实际的"城市型"、"西洋化"的建设误区，大量小城镇在发展中逐渐丧失了特色，出现了大量"千镇一面"、"贪大求洋"的小城镇，部分小城镇甚至出现了"建设性破坏"。

本书针对目前小城镇特色缺失的现实情况，对小城镇在规划中存在的问题进行深入分析研究，总结问题表现，挖掘问题背后的深层次原因。在问题分析的基础上，从小城镇的外部环境、整体格局、居住街坊、商业服务、公共服务、街道空间、建筑风貌、绿地广场、园区建设九大方面提出小城镇特色规划技术的具体要求，以期指导小城镇进行突出特色的规划、建设、管理，有效改善小城镇建设面貌，促进小城镇健康和可持续发展。本书采用正面案例引导、反面案例警示以及形象图纸指导等方式提出规划要求，增强内容的可读性，便于基层管理者、建设者及非技术人员掌握正确的规划理念，科学指导小城镇建设。

本书编写过程中得到"十二五"国家科技支撑计划课题"典型类型村镇规划编制实施技术研究与示范"（2014BAL04B02）的支持，在此表示感谢！

此外，感谢在本书的编写过程中提供支持的：张志远、杨欣、姜珊、王磊、佘云云、安艺、李志新、张中良等人。

目 录 Contents

第一章
总则

第一节　研究目的与意义

　　小城镇是新型城镇化建设的重要载体，在推进经济转型升级、绿色低碳发展和生态环境保护等方面发挥着重要作用。目前，我国小城镇在规划建设上普遍存在着"城市型"、"西洋化"等不切实际的误区，大量小城镇遭受破坏性建设，逐渐丧失特色，导致"千镇一面"。本指南针对这一现实，采用定量和定性分析方法，对小城镇在规划建设中存在的问题进行研究，以问题为导向，在小城镇的特色塑造、建设面貌改善和健康可持续发展等方面提出建议，为小城镇的规划者、建设者和管理者提供技术指导。

（图片来源：《第一批中国特色小镇案例集》，中华人民共和国住房和城乡建设部）

第二节　研究思路与技术路线

一、研究思路

　　本指南倡导规划要符合实际、因地制宜，采用专家咨询、文献研究、实地调研、案例分析、标准规范解读等多种工作方法，深入调查我国小城镇的规划与建设现状，以大量的一手调研数据为基础，梳理总结小城镇特色缺失的主要表现和主要原因，从而形成小城镇特色规划编制指南。

二、技术路线

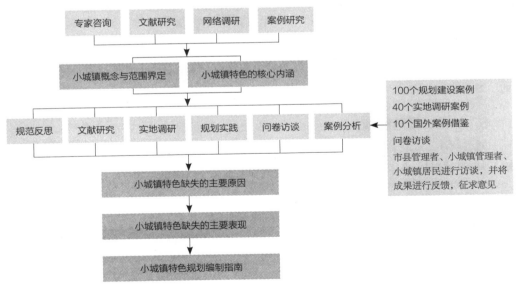

图1-1　技术路线图

三、研究方法及工作基础

1．100个镇规划案例分析

本指南从2011年和2013年度全国优秀村镇规划设计评选案例（以下简称"规划案例"）中选取了60个镇，从全国特色景观旅游名镇、中国美丽宜居小镇、绿色低碳重点小城镇和文献中选取了40个镇，共计选取100个小城镇规划案例进行数据分析。案例覆盖东北、华北、华东、华南、华中、西北、西南等全国大部分地区。细致解读案例的现状建设情况和规划管理方法，对小城镇规划建设情况进行摸底，并总结得失，作为此次研究的研究基础。

2．40个镇的实地调研

在全国各地区抽取40个小城镇进行实地调研。案例位于安徽、河北、云南、四川、江浙、广东、福建、陕西等14个省市，覆盖东北、华北、华东、华南、西南等地区。对这些小城镇现状建设的优缺点进行归纳，为规划编制要点提供借鉴。

3．10个国外特色小城镇案例评析

通过文献、新闻、网站等渠道，搜集大量国外独具特色的小城镇案例，从中选取10个典型的小城镇进行评析。从城镇规模、空间格局、景观风貌等多个方面分析总结其在特色塑造方面的经验和成功的原因，进而与国内小城镇的情况进行对比研究。

4．走访座谈

采用走访座谈的形式，对小城镇的管理者、规划从业人员进行访问，了解关于小城镇特色规划的意见与看法。

5．文献研究

借鉴相关研究，在已有的关于小城镇特色的理论与实践基础上，形成对小城镇特色全面、客观的基本认识，确定研究思路，帮助得出分析结论。

6．标准、规范解读

通过解读《镇规划标准》GB50188-2007，分析已完成审批的镇规划，反思现行规范标准，对现行规范标准中限制小城镇特色发展的条文提出修改建议（表1-1）。

研究及调研案例统计表　　　　　　　　　　　　　　　　　　　表1-1

区域	规划案例	实地调研案例	文献案例
东北	1	4	3
华北	7	3	7

区域	规划案例	实地调研案例	文献案例
华东	21	18	11
华南	4	5	5
华中	9	2	2
西北	7	0	6
西南	11	8	6
合计	60	40	40

四、研究创新点

本指南主要有四个创新点，分别是研究方法的创新、技术指标的创新、表达方式的创新和四个"多"的创新。

1. 研究方法的创新

深入剖析小城镇问题、有针对性地提出指导性技术要点。针对目前小城镇特色缺失的现实情况，本指南通过大量调研、多角度分析、深入研究，剖析我国小城镇存在的问题，明确小城镇区别于城市的共性特色和不同小城镇之间的个性特色，研究与界定小城镇特色的核心内涵，总结出我国小城镇特色缺失的主要成因，以问题为导向，有针对性地提出小城镇特色规划编制的技术要点。

2. 技术指标的创新

掌握了大量的各地第一手数据并以其作为重要支撑，提出技术指标。以100个全国优秀规划案例、40个实地调研案例、10个国外案例等大量的第一手数据为基础，进行定量定性分析，提出与小城镇特色相符的技术指标，为未来小城镇相关标准的修订提供技术支撑。

3. 表达形式的创新

采用图文并茂的方式，通过正面引导与反面警示相结合的形式，可读性更强。针对大多数小城镇建设管理人员专业知识不足的现状，打破以往研究过于专业的条文式形式，采取图文并茂的方式，通过正面案例引导、反面案例警示以及形象图纸指导等方式提出规划建设要求，让基层的管理者、建设者及非技术人员也能掌握正确的规划理念并科学指导小城镇建设。

4. 多渠道收集资料、多方位剖析案例、多角度审视规范、多方面征求意见

采用实地调研、居民访谈、网络调研、案例研究等多渠道收集第一手资料，邀请小城镇

规划编制专家介绍地方实践经验，借鉴各地小城镇规划编制的经验和创新。多学科、多方位（涵盖产业、经济、空间、人文、市政等专业）剖析案例，从不同角度提出小城镇规划建设中存在的问题。通过对小城镇规划建设实践、居民行为进行分析，进而反思小城镇相关规范、标准等中的相关指标是否制约了小城镇特色形成，提出改进建议。面向基层管理者、一线设计人员、高校知名专家、省住建厅管理者等广泛征求意见，先后共计6次邀请28名专家参与会审，邀请13名专家、11个省的住建厅领导及县镇管理者参与函审，并征询住建部城乡规划司、标准定额司、城市建设司、工程质量安全监管司和建筑节能与科技司5个司的意见。

第二章
研究对象
的界定

第一节　小城镇的概念界定

本指南的研究对象是"小城镇"，在对"小城镇"的概念进行界定的基础上，阐释"小城镇特色"的概念和内涵，进而提出规划技术指引。

一、法律法规、规章规范等文件的界定

1. 城乡规划法

2007年全国人大通过的《中华人民共和国城乡规划法》中并没有对"小城镇"提出明确的界定，其中与"镇"有关的条文内容有"城乡规划包括城镇体系规划、城市规划、镇规划、乡规划和村庄规划"，据此可知，城乡规划法中的"镇"不包括乡和城市。同时，该法律对于镇规划的制定、实施和修改明确了县人民政府所在地镇和其他建制镇的不同要求，故县人民政府所在地镇与其他建制镇应有区分。

2. 行政法规

1993年国务院发布的《村庄和集镇规划建设管理条例》对"集镇"的定义为"本条例所称集镇，是指乡、民族乡人民政府所在地和经县级人民政府确认由集市发展而成的作为农村一定区域经济、文化和生活服务中心的非建制镇"。

3. 规章及规范性文件

1995年建设部发布的《建制镇规划建设管理办法》中对"建制镇"的定义为"本办法所称建制镇，是指国家按行政建制设立的镇，不含县城关镇"。

2000年建设部出台的《村镇规划编制办法（试行）》（建村〔2000〕36号）提出"本办法适用于村庄、集镇，县城以外的建制镇可以按照本办法执行"。

2006年建设部发布的《城市规划编制办法》提出"县人民政府所在地镇的城市规划编制，参照本办法执行"，由此可见，县人民政府所在地镇的规划标准与城市的更为匹配。

2010年住建部发布《城市、镇控制性详细规划编制审批办法》，其中对"镇"的界定与城乡规划法一致。

4．技术标准、技术规范及相关文件

1984年国务院关于"建制镇"的通知中提出"总人口在2万人以下的乡，乡政府驻地非农业人口超过2000人的，或总人口在2万人以上的乡，乡政府驻地非农业人口占全乡人口10%以上的，可以设建制镇。少数民族地区、人口稀少的边远地区、山区和小型工矿区、小港口、风景旅游、边境口岸等地，非农业人口不足2000人，如确有必要，也可以设置镇的建制"。

2007年建设部发布的《镇规划标准》GB50188-2007提出"本标准不适用县级人民政府驻地镇，乡规划可按本标准执行"。

2014年国务院发布的《国务院关于调整城市规模划分标准的通知》中对"小城市"的界定如下，"对原有城市规模划分标准进行了调整，明确了新的城市规模划分标准以城区常住人口为统计口径，城区常住人口50万以下的城市为小城市，其中20万以上50万以下的城市为Ⅰ型小城市，20万以下的城市为Ⅱ型小城市。城区是指在市辖区和不设区的市"。很明显，这里所说的"小城市"不包括建制镇。

总体来看，"小城镇"虽然并未出现在现行法律法规中，但综合上述文件对"镇"、"集镇"、"城关镇"、"小城市"等多个概念的定义，可以形成对"镇"的明确界定，即"不包括村庄、集镇，主要针对除县人民政府所在地镇之外的其他建制镇"。

二、出版物及文献的界定

中国城市出版社出版的《中国小城镇和村庄建设发展报告》一书中的"小城镇"指的是县城以外的建制镇、全国重点镇、绿色低碳重点小城镇、国家特色景观旅游名镇和中国美丽宜居小镇。

中国统计出版社出版的《中国城乡建设统计年鉴》一书中的"小城镇"是以县城和乡以外的建制镇为对象进行数据统计。

1983年费孝通撰写的《小城镇大问题》一文将"小城镇"区别于大城市、中城市，提出"将小城镇建设成为农村的政治、经济和文化中心"，并指出"小城镇建设是发展农村经济、解决人口出路的重要途径"。"小城镇"这样一个社会实体是"以一批并不从事农业生产劳动的人口为主体组成的社区，无论从地域、人口、经济、环境等因素看，它们都既具有与

农村社区相异的特点，又都与周围的农村保持着不可缺少的联系"。

2006年华中科技大学建筑城规学院主编的《城市规划资料集 第3分册 小城镇规划》一书指出"小城镇总体而言是建制镇和集镇的总称，系指介于狭义城市（建制市）与村庄之间的居民点，其基本的主体是建制镇（含城关镇）"。由于县城的规划程序和内容按城市规划的规划程序和内容进行，该书中的"小城镇"主要针对"不包括县城关镇的建制镇和集镇"。

2007年潘宜、陈佳骆主编的《小城镇规划编制的理论与方法》一书指出"小城镇"建设规划的工作范围是建制镇，包括县城关镇、其他建制镇及所辖集镇、村庄，其工作重点是城关镇和中心建制镇。

2009年王静霞、汤铭潭、谢映霞等主编的《小城镇规划及相关技术标准研究》一书指出"小城镇"为"由县城镇、中心镇和一般镇构成的建制镇，也包括规划期限内升级为建制镇的集镇"，是"介于农村与城市之间的一种体系，与两者有着密切的联系"。

2009年黄耀志、陆志刚、肖凤等主编的《小城镇详细规划设计》一书对"小城镇"的定义为"介于城市与农村居民点之间的过渡性居民点，其基本主体是建制镇，也可视需要适当上下延伸（上至20万以下的设市城市，下至几千人的集镇）"。

由此可见，出版物及相关文献对小城镇的界定主要集中在建制镇（不含城关镇），少部分既包括城关镇也包括集镇。

三、住建部等部门相关政策与研究对"小城镇"的界定

2004年建设部等部门开展全国重点镇工作，要求每个县（市）在除城关镇以外的建制镇中至少选取1个列入全国重点镇，作为此后各地各有关部门对小城镇建设的优先支持对象，将其发展成为既能承接城市产业转移、缓解城市压力，又能服务农村、增强农村活力的小城镇建设示范。

2009年住建部等部门开展全国特色景观旅游名镇（村）工作，针对除城关镇以外的建制镇，把发展全国特色景观旅游示范镇作为保护村镇自然环境、田园景观、传统文化、民族特色、特色产业，促进城乡统筹协调发展，增进城乡交流，增加农民收入，扩大内需，加快农村经济社会全面发展的重要举措。

2011年住建部等部门开展绿色低碳重点小城镇工作，针对除城关镇以外的建制镇，按照集约节约、功能完善、宜居宜业、特色鲜明的总体要求，组织编制《绿色低碳重点小城镇建设评价指标》。其中绿色低碳小城镇分为三类，分别是大城市郊区及城镇密集地区试点镇、

历史文化及旅游景观的特色试点镇、位于中西部及农村地区的试点镇。

2013年住建部等部门开展中国美丽宜居小镇工作，针对除城关镇以外的建制镇，按照"风景美、街区美、功能美、生态美、生活美"的"五美"原则推进宜居小镇示范工作。

由此可见，近年来围绕小城镇展开的评选及后续建设活动主要针对除城关镇以外的建制镇。

四、小城镇的概念界定

综上所述，小城镇通常指区别于城市和乡村，具有一定规模、主要从事非农业生产活动的人口所居住的社区，包括国家已批准的建制镇和尚未设镇建制的相对发达的农村集镇。但考虑到本指南涉及大量小城镇法定规划内容，法定规划中所涉及的小城镇主要指城镇体系规划中确定的建制镇，而县级人民政府驻地镇（即县城关镇）的规划与建设通常参照城市的规划与建设标准执行，故县级人民政府驻地镇不在本次研究的对象范围内。

本指南所指的"小城镇"是建制镇（不含县人民政府驻地所在镇），乡的规划建设可根据实际情况参照指南执行。

第二节　建制镇基本情况

一、人口规模

截至2014年末，我国共有建制镇20401个。据有资料统计的建制镇来看（下同），建制镇的人口规模普遍较小，约有80%的建制镇镇域人口在1~6万人之间，20万人以上的只有16个（图2-1、表2-1）。

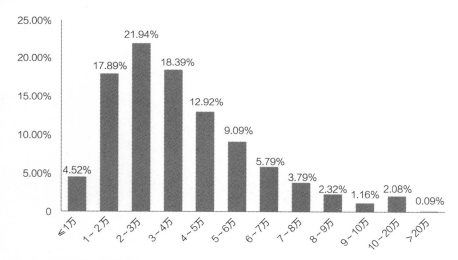

图2-1　2014年建制镇镇域人口统计
（数据来源：2014年中国城乡建设统计年鉴）

2014年建制镇镇域人口统计表　　　　　　　　表2-1

镇域人口规模（万人）	建制镇个数（个）	占总数量比例（%）
≤1	768	4.52
1~2	3041	17.89
2~3	3730	21.94
3~4	3126	18.39

镇域人口规模（万人）	建制镇个数（个）	占总数量比例（%）
4~5	2196	12.92
5~6	1545	9.09
6~7	985	5.79
7~8	644	3.79
8~9	395	2.32
9~10	198	1.16
10~20	354	2.08
>20	16	0.09

（数据来源：2014年中国城乡建设统计年鉴）

91%的建制镇镇区人口在2万人以内，2万以上的仅占9%，5万以上的不到1%（图2-2、表2-2）。

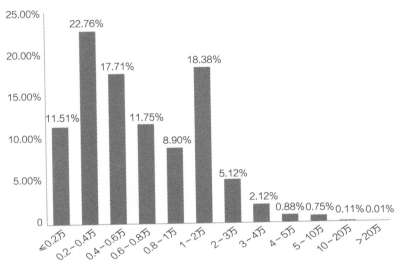

图2-2　2014年建制镇镇区人口统计

（数据来源：2014年中国城乡建设统计年鉴）

2014年建制镇镇区人口统计　　　　　　　　　　　　　　表2-2

镇区人口规模（万人）	建制镇个数（个）	占总数量比例（%）
≤0.2	1956	11.51
0.2~0.4	3869	22.76
0.4~0.6	3010	17.71
0.6~0.8	1998	11.75
0.8~1	1513	8.90
1~2	3124	18.38
2~3	870	5.12
3~4	360	2.12
4~5	150	0.88

镇区人口规模（万人）	建制镇个数（个）	占总数量比例（%）
5~10	128	0.75
10~20	19	0.11
>20	1	0.01

（数据来源：2014年中国城乡建设统计年鉴）

二、建设情况

2014年，我国81%的建制镇建成区面积在3平方公里以内，3平方公里以上的仅占19%，5平方公里以上仅占8%（图2-3、表2-3）。

图2-3 2014年建制镇建成区面积

（数据来源：2014年中国城乡建设统计年鉴）

2014年建制镇建成区面积统计　　　　　　　　　　表2-3

建成区面积（公顷）	建制镇个数（个）	占总量比例（%）
≤100	6399	37.63
100~200	5012	29.48
200~300	2350	13.82
300~400	1238	7.28
400~500	693	4.08
500~600	388	2.28
600~700	246	1.45
700~800	162	0.95
800~900	110	0.65
900~1000	91	0.54
1000~2000	243	1.43
2000~3000	45	0.26
3000~4000	18	0.11
4000~5000	5	0.03
>5000	4	0.02

（数据来源：2014年中国城乡建设统计年鉴）

第三节 小城镇特色的概念与内涵

小城镇的特色塑造是近年来研究领域最为关注的问题之一，已有研究主要涉及小城镇特色的概念与特征、小城镇特色的内涵，以及塑造小城镇特色的路径等三个方面。

小城镇规模偏小，是"城市之尾，乡村之首"，既不完全同于城市也不完全同于乡村，是兼有城市和乡村特点的空间载体。

一、小城镇特色的内涵

关于小城镇特色的内涵，当前不同学者给出了不同角度的解读：

袁中金等（2002年）认为小城镇特色具有地域性、动态变化性、继承性与传播性、形式与内容的统一性、单项与整体的统一性等特征。

尹晓民（2005年）提出小城镇特色是小城镇的物质形态特征和社会文化特征的综合反映，是特定条件下小城镇符号系统（即城镇艺术形象构成要素）所提供的差异性特征和关系，使得某个小城镇既不同于一般的城市，又不同于其他的小城镇，可理解为是人们对城镇从褒义上进行的"形象性、艺术性"的概括。同时任世英（1999年）将小城镇特色分为中国特色、地区特色和本镇特色。其中中国特色对小城镇特色产生最含蓄但也最深刻的影响，是我国小城镇特色的共性；地区特色提供了小城镇特色形成的自然和文化氛围；本镇特色则对小城镇产生最具体、最直接的影响。

黄亚平（2006年）将小城镇特色分解为社会经济特征、地域文化特征和自然地理特征三方面，其中社会经济特征是通过小城镇的人口构成、经济结构、生活方式、社会组织和社会关系等元素来体现。小城镇在以上方面明显有别于城市，社会经济特征成为小城镇区别于一般城市的共性特色；此外，地域文化特征主要包括历史传统、民俗风情、宗教信仰等，自然地理特征主要指地形地貌、水文气候等，这两方面往往使不同的小城镇具有鲜明的个性特色。

韩林飞（2013年）认为小城镇特色的内涵可从物质和精神两方面进行阐述，其中物质方面体现在城镇的实体环境上，包括景观、空间、建筑和设施等，主要指人们对城镇的直观视觉；精神方面体现在城镇的精神个性上，包括城镇的性质、产业结构、经济特点、传统文化和民俗风情等，主要指人们对城镇的感知。

此外，还有学者从其他角度阐述小城镇特色的内涵，如袁中金（2002年）认为小城镇特色可分为自然特色、历史特色、文化特色、社会特色、经济特色等方面，唐琦（2010年）将小城镇特色分为自然要素、人工要素和人文要素三方面。

二、小城镇特色的塑造路径

相关研究认为小城镇特色的塑造主要从客体和主体两个角度入手，客体即小城镇，主体即人，主要是小城镇居民。

关于小城镇这一客体的塑造一直是关注和讨论的重点，主要包括小城镇特色的保护和创新，以及正确、真实地对特色加以反映的两大方面。小城镇特色的保护和创新可从城镇规划、建筑与景观设计等多方面着手。就小城镇规划而言，应改变之前优先发展经济的思路，综合考虑小城镇的自然环境和人文环境，注重挖掘历史、文化等方面的深层次内涵；小城镇的功能分区、路网结构等也应因地制宜地加以安排（袁中金，2002年；黄亚平，2006年；李莹，2013年）。此外，对小城镇特色的塑造应从建筑、环境等简单的物质层面上扩大到产业结构、社会关系等方面，使得小城镇成为一个特色综合体（黄亚平，2006年；李莹，2013年）。就建筑与景观设计来说，应加大对地区特色建筑风貌的保护和传承力度，从形态、风格、材质等多方面探索城镇特色的体现方式（张益民，2013年）。其中特色的保护和创新并不是一前一后两个阶段，保护是基础、是创新的前提，创新则是保护的新发展，两者紧密相连，应同步推进（尹晓民，2005年）。此外，在小城镇特色的保护与创新过程中，尤其应注重秉承真实性原则，即小城镇特色要素的塑造必须真实地反映出特色的内涵，应在正确分析当地社会经济、自然地理以及地域文化的基础上明确特色的塑造方向，避免跟风式地采取"复古"、"欧陆风"等形式（黄亚平，2006年；尹晓民，2005年）。

近年来，关于人这一主体的塑造得到越来越多的关注，甚至有学者认为人们对小城镇特色的识别和认可是小城镇特色得以确立和持续的根本（黄亚平，2006年）。具体的塑造路径主要包括教育和传播两方面。其中教育是指加强对小城镇当地居民的教育，通过引导居民挖掘当地特色并让他们参与到规划与设计过程中等方法，加强居民对本地的认可度，提升居民参与地方特色保护和创新的程度。传播则是加强对外地居民的宣传，扩大知名度，使得小城镇特色成为外界识别的重要标签（尹晓民，2005年）。

第四节　小结

根据对学科定义、法律法规、学术文献和相关政策的解读，小城镇有如下特征：

▲ 作为"城市之尾，乡村之首"，兼具城市和村庄的空间、功能和社会特征，小城镇是我国城乡二元结构矛盾中最集中最突出表现出来的地区。

▲ 相对独立，未与城市直接连片，用地和人口规模适度，远比城市要小。

▲ 城乡居民混居，用地性质较复杂，居住和居民服务是其最主要的功能。

▲ 受区域环境影响较大，相应的抗风险能力较弱，如果有上级政策与资金支持可能很快地发展起来。

结合文献综述与规划实践，"小城镇特色"主要可分为"共性"和"个性"两个层次。

第一层次是小城镇区别于城市和乡村的特色，称为小城镇的共性特色。主要表现在外部环境、城镇格局、功能布局以及生产生活方式上。从外部环境来看，相对独立的小城镇一般与村庄类似，对周边山水格局影响较小，从而比城市更亲近自然，更能体现天人合一的特点。从格局来看，小城镇镇区整体尺度较小，道路网和用地布局相对灵活，有别于城市的庞大和相对规则的成片规划与建设，但是也有别于乡村的分散，相对紧凑。从功能上来看，小城镇功能较之城市更加简单，除了服务周边农业和农村外，居住生活功能比较突出，且商业、手工业、居住等与居民生活息息相关的功能往往混合布局，功能分区不明确，这与城市的规划建设通常有明确功能分区有较大差别。也正因为尺度较小且功能混合，小城镇居民的日常出行距离都比较短，大多时候步行、自行车等慢速交通就能满足出行需求，因而小城镇理想的交通体系也应有别于机动车主导型的城市交通。在产业发展方面，由于劳动力、资源等条件有限，小城镇不可能发展如同城市那样大而全的产业体系，发展较好的小城镇的产业往往具有"小而精"的特点。从生活方式来看，相比于城市居民，小城镇及其服务的周边农村的居民由于不需要远距离通勤、花销较低等原因，生活节奏普遍较慢，压力较小，生活习惯更接近于"日出而作，日落而息"的规律。同时，小城镇的原住民比例较高、流动人口较少，且居住形式多为街巷式邻里单元，因而小城镇居民的生活生产交集远比城市居民多，居民彼此间有亲友关系或者比较熟悉，这直接决定了小城镇人际关系比城市更亲和。

第二层次是某个小城镇区别于所有其他小城镇的特色，称为小城镇的个性特色。这种个性特色主要取决于自然和文化两个基因。每一个小城镇都具有独一无二的自然资源和生态环境，每一个小城镇也具有与其他所有小城镇不同的历史沿革和地域文化。这又可以使每个小城镇具有区别于其他小城镇的特色产业、特色建筑、特色场所、特色民俗、特色活动、特色饮食等一系列衍生的个性（图2-4）。

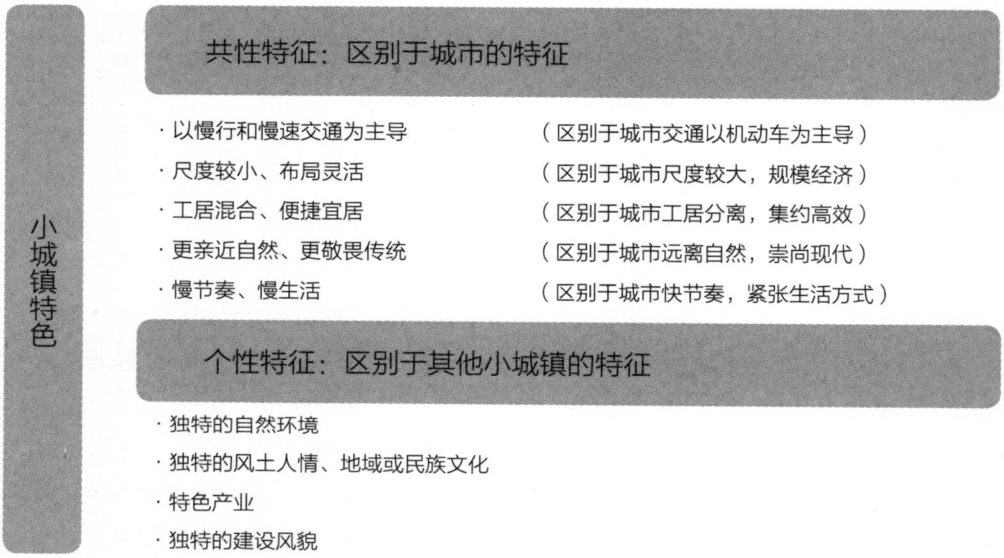

小城镇特色

共性特征：区别于城市的特征

· 以慢行和慢速交通为主导　　　　（区别于城市交通以机动车为主导）
· 尺度较小、布局灵活　　　　　　（区别于城市尺度较大，规模经济）
· 工居混合、便捷宜居　　　　　　（区别于城市工居分离，集约高效）
· 更亲近自然、更敬畏传统　　　　（区别于城市远离自然，崇尚现代）
· 慢节奏、慢生活　　　　　　　　（区别于城市快节奏，紧张生活方式）

个性特征：区别于其他小城镇的特征

· 独特的自然环境
· 独特的风土人情、地域或民族文化
· 特色产业
· 独特的建设风貌

图2-4　小城镇特色总结

第三章

小城镇特色缺失
问题分析

第一节　小城镇特色缺失的主要原因

一、缺乏资金，无力投资小城镇建设

我国实行省—市—县—镇的塔式级别化行政体制，除了个别改革试点镇，绝大部分小城镇没有财政权，通过省、市、县的层层集中调控，最后划分给小城镇财政的收入基本上只剩下农业"四税"的一部分和工商税收中的一些零散税收，有限的财政经费使得一些小城镇甚至连基础设施的维护都难以为继。

大量小城镇由于财政困难，无力投资镇村建设，特别是市政基础设施、公共服务设施等基础性和公益性项目难以推进，镇区与村庄环境整治无法落实，出现了镇村基础设施缺乏、环境破败的现象。统计表明，目前小城镇承载了约23%的城镇人口，但每年用于小城镇基础设施建设的投资仅占全国城镇基础设施建设投资的8%。用于城镇建设的资金十分有限，直接导致城镇建设水平差、配套设施不健全、城镇维护不到位等问题（表3-1）。

基础设施建设投资分析　　　　　　　　　　表3-1

	城镇人口 （亿人）	城镇人口占全国城镇人口比例（%）	投资额（亿元）	投资额占全国城镇投资额比例（%）
城市	3.94	57	16204.4	77
县城	1.40	20	3099.8	15
建制镇	1.6	23	1645.9	8

（数据来源：2015年中国城乡建设统计年鉴）

在小城镇有限的建设投入中，绝大部分资金被用于房屋建设。以2015年数据为例，2015年建制镇建设资金投入总计6781.4亿元，其中房屋（住宅、公共建筑、生产性建筑）的建设资金占到76%，而市政、道路桥梁等资金投入仅占24%（图3-1）。

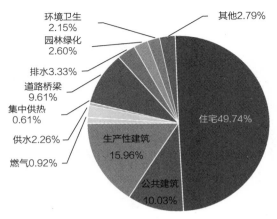

图3-1　小城镇建设资金投入分布情况
（数据来源：2015年中国城乡建设统计年鉴）

二、人才外流，无人投身小城镇建设

1. 人口外流、人才流失严重

缺乏发展动力的小城镇吸引力较弱，相比城市，在教育、文化等方面的服务能力尤为薄弱，人口外流、人才流失严重，使小城镇人力和技术匮乏，小城镇的规划建设陷入"越没资源越穷，越穷越没资源"的恶性循环中。

以安徽省望江县为例，2012年全县各镇外出人口占总人口的1/5以上，外流劳动力（以青壮年为主）约占全县劳动力的26%，主要流向江浙和北上广深等发达地区。大量劳动力人口外流至发达地区，导致自己家乡的建设无力为继，城镇建设落后。另外，在回流意愿上，调查显示有43%的外出人口希望回到县城，32%的外出人口希望回到镇上，相比县城，镇的吸引力较弱（图3-2）。

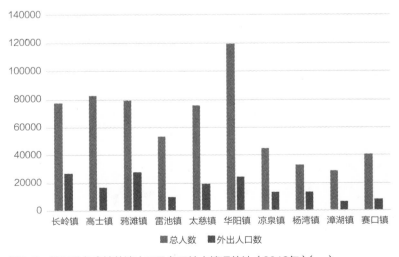

图3-2　望江县各乡镇外流人口及务工地点情况统计（2012年）（一）

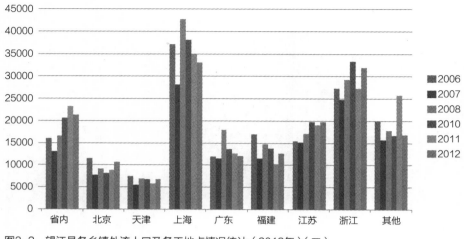

图3-2　望江县各乡镇外流人口及务工地点情况统计（2012年）（二）

2. 基层专业管理人员缺乏

　　长期以来，小城镇建设管理人员缺乏，难以应对复杂的城镇建设管理工作。根据《中国城乡建设统计年鉴（2015年）》，至2015年末，统计汇总的17848个建制镇设有村镇建设管理机构的为16772个，还有1076个建制镇尚未设立该机构；村镇建设管理人员仅84246人，其中专职人员53395人，仅占总人数的63%（图3-3）。

3. 基层管理人员及民众的审美观念有待转变

　　目前，很多基层管理者以及技术人员对如何传承和发展当地特色缺乏思考，在审美观和价值判断标准上一味地追求形似城市、贪大求洋。受城市化的冲击，小城镇基层管理者及居民在意识形态上羡慕宽马路、高楼房、西洋化，而当地的很多传统建筑与形式被冠以"过时"而予以丢弃。

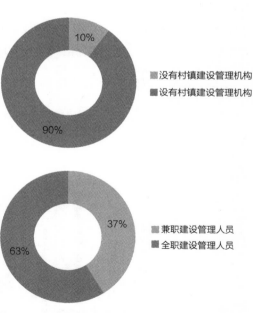

图3-3　全国建制镇村镇建设管理机构设置及人员任职情况统计

（数据来源：2015年中国城乡建设统计年鉴）

居民住宅受到固有观念以及攀比心理影响，对设计师设计的富有变化、错落有致的住宅往往难以接受，只有一模一样、整齐划一的设计才能平衡各方利益，结果建成后就变成"兵营式"、单调刻板的住宅建筑群，导致可识别性差。

三、现行的规划标准难以满足小城镇的特色塑造

我国有数量庞大的小城镇，但目前专门指导镇规划的技术标准与规范却很少，另外许多内容脱胎于城市规划，实际工作中很多镇规划的编制也多沿袭城市规划的套路，相比个体差异大的小城镇而言，技术标准与规范的很多内容要求存在"一刀切"的问题，弹性不足，在实际应用中灵活性不够，导致镇规划的针对性和可实施性不足，制约了小城镇特色的形成。

1. 现行镇规划标准难以满足小城镇建设的实际需求

目前关于我国小城镇规划建设与发展的研究比较缺乏，相比城市规划领域的数十部技术标准和技术规范，镇规划编制领域只有一部制订于十年前的《镇规划标准》GB50188-2007，并且其内容多是参照城市规划的方法与技术制订，在城镇用地分类、用地构成、道路系统、公用工程设施等方面的指标及要求很多并不符合小城镇的发展规律和实际需求，进而制约了小城镇特色的形成（图3-4）。

举例来说，小城镇中土地混合利用程度高，存在很多"上居下店"的店铺，其用地为商住混合用地，混合用地的存在是展现小城镇活力的重要载体，但在镇规划用地分类标准中却没有混合用地这一项。小城镇数量众多，不同城镇之间差异大，仿照城市用地标准，《镇规划标准》GB50188-2007中也对各类用地的占比进行了规定，但并不适合差异甚大的小城镇，例如标准中设定了公共绿地占比的下限，但现实却是大多数小城镇规模较小、外围自然山水环境优越，居民可以很方便地到达并使用这些开敞空间，因此此规定并不符合小城镇的现实需要。再如，该标准规定的居住用地占比过低，造成按照标准建设的小城镇住宅区往

5.3 建设用地比例

5.3.1 镇区规划中的居住、公共设施、道路广场、以及绿地中的公共绿地四类用地占建设用地的比例宜符合表5.3.1的规定。

表5.3.1 建设用地比例

类别代号	类别名称	占建设用地比例（%）	
		中心镇镇区	一般镇镇区
R	居住用地	28～38	33～43
C	公共设施用地	12～20	10～18
S	道路广场用地	11～19	10～17
G1	公共绿地	8～12	6～10
四类用地之和		64～84	65～85

图3-4 《镇规划标准》GB50188-2007中的相关条文

往呈现高容积率、高楼层的景象，如图3-5所示即为某平原地区的小城镇现状人口规模不足2万人，按照规划要求建设的住宅小区，竟出现了50米高的高层住宅。

另外该标准对道路级别划分、道路宽度划定也给予了较多的规定限制。工程管线规划照搬城市标准，未充分考虑小城镇实际发展的条件与需求。

2. 缺乏对小城镇特色风貌的规划与引导

现阶段编制的规划过于强调镇规划对镇经济发展和功能完善的指导作用，对营造宜居环境、塑造城镇特色重视不足，缺乏对小城镇特色的研究、定位、管控和塑造的引导，在空间管制、村庄建设引导等方面则几乎为空白，在风貌塑造、旧区改造等方面往往仅提出原则要求，而没有量化指标和具体管控措施，规划内容难以落地实施（图3-6）。

通过分析近几年编制的规划成果发现，100个镇规划案例中约75%的规划案例没有对小城镇特色风貌的规划提出要求及具体措施，仅有25%的规划案例对建筑高度、体量、色彩、风貌提出了建设控制要求。例如图3-7所示某镇总体规划成果仅在文本中对风貌特色提出了泛泛的要求，在实际的实施中难以操作。

控制性详细规划（以下简称控规）是直接指导小城镇建设的法定规划，对于指导小城镇进行有序的、有特色的建设有重要意义，但在实地调研中发现，80%的小城镇尚未编制控规。部分编制了控规的小城镇多数情况则是"需要哪块编哪块"，在整个镇区层面缺乏统筹，导致各个片区各自为营，城镇风貌较差（图3-8）。

良好的生态环境是小城镇的优势资源，很多小城镇对生态环境没有予以足够重视，生态环境遭遇破坏的案例屡见不鲜。100个镇规划案例中，有11%的规划案例未对生态环境保护提出

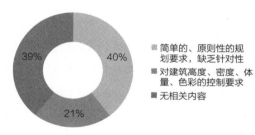

图3-5 某镇新建50米高层居住区实景图

图3-6 规划案例对特色风貌的规划引导情况统计

- 40% 简单的、原则性的规划要求，缺乏针对性
- 21% 对建筑高度、密度、体量、色彩的控制要求
- 39% 无相关内容

第六十二条 规划重点

1、创造舒适、文明、富有滨海环境；

2、充分挖掘党江镇特色资源，塑造滨海城镇风貌；

3、增加居民间相互交流和接触的公共场所，丰富完善绿色开敞空间；

4、塑造识别性强、富有特色的空间形态，提升城镇吸引力和凝聚力。

图3-7 《某镇总体规划》文本中仅提出原则性要求[1]

---

① 资料来源：2011年、2013年度各地报送的《全国优秀城乡规划设计奖（村镇规划类）》设计评选规划成果。

具体要求措施，甚至有个别方案是破坏了生态环境（图3-9）。

传统风貌建筑是小城镇的宝贵财富，但在实际发展中，这一优势资源经常被忽视，传统风貌建筑或是被夷为平地，或是缺乏保护更新而破败不堪，导致小城镇的特色优势丧失。100个镇规划案例中，有44%的规划案例未对传统风貌建筑保护提出保护要求与具体保护措施（图3-10）。

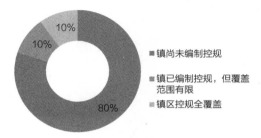

图3-8 调研小城镇控制性详细规划编制情况

3. 规划成果专业性强，不好懂不好用

小城镇的特色塑造需要相关专家、规划技术人员、管理者、建设者和小城镇居民的全程广泛参与，需要大家献言献策，但在实际中却往往只是技术人员按照专业技术要求编制规划成果，这些图件往往专业性强，不便于基层管理者、建设者使用，不能很好地指导小城镇的规划建设。

另外，很多严格按照规范要求编制的规划图纸和文本技术性很强，成果内容较复杂，很多结构分析图过于抽象，不便于基层人员理解与使用。例如某镇总体规划的规划成果，

图3-9 规划案例中生态环境保护情况统计表

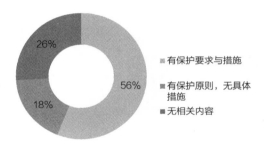

图3-10 规划案例中传统风貌建筑保护情况统计表

内容翔实，规划图纸多达50余张，内容专业性很强，但基层管理人员并不容易理解，难以有效指导城镇建设。如图3-11所示是某镇总体规划中的景观风貌规划图，图面美观但表达抽象，针对城镇的景观风貌规划仅停留在线条、点、圈的勾勾画画，在文本、说明书中也没有对如何实施进行详细阐述，在实施层面的可操作性较差。

四、监督管理难度大，制约小城镇特色发展

处于城乡过渡地带的小城镇，规划建设管理、城乡治理的难度大，以至于出现城镇环境脏乱差、设施缺乏维护、环境污染、传统风貌建筑保护不足等问题，甚至出现违章建设。另外，教育宣传以及公众参与的不足也在一定程度上制约了小城镇特色的延续和塑造。

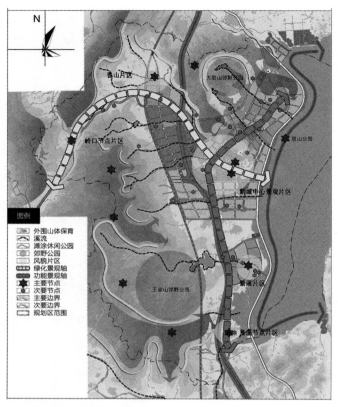

图3-11　某镇总规中抽象的景观风貌规划图

（图片来源：2011年、2013年度各地报送《全国优秀城乡规划设计奖（村镇规划类）》设计评选规划成果）

1. 土地权属复杂，引导与管控难度大

很多小城镇是由一个或几个大村庄发展而来，部分小城镇镇区内仍有行政村存在，保留有较多的农村印记。小城镇镇区内除国有建设用地外，还存在较高比例的集体建设用地，居民住宅也多是建在集体建设用地上。通过对部分实地调研的小城镇现状建设用地的统计分析可以看出，小城镇现状建成区中集体建设用地比例在40%~60%。如河北西葛镇镇区有近62%的用地为集体建设用地，安徽鸦滩镇镇区有42%的用地为集体建设用地，集体建设用地中基本都是居民的自建房（表3-2、图3-12、图3-13）。

用地权属的复杂性增加了土地建设管理工作的难度，实际建设工作中对集体建设用地的建设往往缺乏有效的引导与管控，89%的规划案例未对居民自建住宅提出建设引导与管控，由于没有相关的风貌规划建设标准引导，出现了风格各异的建筑，影响了城镇风貌。如何对此类用地进行统一管理需要政策体制的创新（图3-14、图3-15）。

现状建成区中集体建设用地比例统计分析表　　　　　　表3-2

	乡镇名称	现状建成区面积（公顷）	城镇用地（公顷）	集体建设用地（公顷）	集体建设用地占现状建成区的比例（%）
1	大新庄镇	270.33	212.7	57.63	21.32
2	唐坊镇	246.47	117.8	128.67	52.21
3	西葛镇	158.2	59.97	98.23	62.09
4	孙村镇	545	500.96	44.04	8.08
5	龙虬镇	79.1	60.19	18.91	23.91
6	鸦滩镇	106.56	61.66	44.9	42.14
7	高士镇	125.66	62.19	63.47	50.51
8	太慈镇	81.89	45.15	36.74	44.87
9	大庙镇	174.19	103.99	70.2	40.30
10	刘府镇	272.9	183.77	89.13	32.66
11	西泉镇	177.29	75.76	101.53	57.27

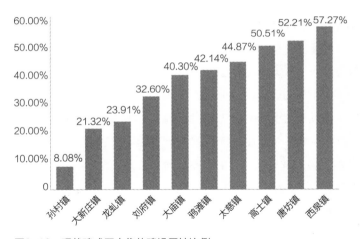

图3-12　现状建成区中集体建设用地比例

图3-13　某镇居住建筑

图3-14 自建住宅影响城镇风貌示例图
（某镇居民自建住宅形式、颜色混杂，风格与周边的文保建筑格格不入）

2. 面对房地产开发的强势地位无能为力

由于房地产开发商能为小城镇的建设带来较强动力，所以其在小城镇规划建设中也就相对强势。地产开发商在小城镇的开发建设过程中为追求利益最大化，往往提高容积率和建筑高度，迫于招商引资的压力，大部分小城镇面对强势的房地产开发商，往往做出妥协让步，以致出现了高强度建设，在小城镇中出现了高楼层、大体量、大规模的建筑，这些建设在建筑风貌、道路路网、格局肌理、社会结构等方面严重影响了小城镇特色的发挥。实地调研案例中，此类新建居住区对城镇风貌产生严重影响的比例高达72%，例如在人口仅为1.6万人的小城镇中出现了面积达24公顷的居住区，其住宅建筑多为16层，如此大规模、高楼层的居住区与全镇肌理并不协调（图3-16）。

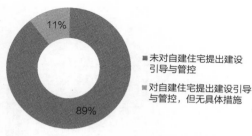

图3-15 规划案例对居民自建住宅的引导与管控情况

未对自建住宅提出建设引导与管控

对自建住宅提出建设引导与管控，但无具体措施

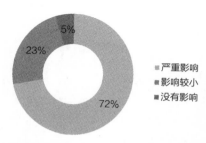

图3-16 实地调研案例中新建居住区对城镇风貌的影响程度

严重影响

影响较小

没有影响

第二节 小城镇特色缺失的主要表现

通过规划案例分析和现场调研，本指南认为特色缺失是我国小城镇规划建设中存在的共性问题，特色缺失集中体现在生态环境保护与利用不足、小城镇空间肌理断裂、历史文化缺乏传承、生活空间宜居性低等方面，在空间上具体呈现在生态环境、城镇格局、生活场所等方面。

一、忽视生态环境保护与利用

1. 生态空间遭侵占或破坏，自然本底特色流失

部分小城镇在规划建设与城镇管理中未重视自然生态环境的保护与合理利用，肆意破坏或侵占山、水、林、田、湖等自然资源，很多小城镇外围污水横流、垃圾乱堆，生态环境遭到污染。实地调研案例中，多数小城镇遭到不同程度的破坏，其中环境遭到污染的小城镇占案例总数的68%，开山采石、损毁山林的占27%（图3-17~图3-19）。

图3-17 某镇外围山坳被大量生活垃圾填埋

图3-18 某镇紧邻镇区开山采石

部分小城镇的路网布局不顾生态本底条件，忽略自身所处的丘陵、山地等地形地貌特点，生硬地布局方格路网，切割山地、破坏环境。有些小城镇甚至挖山填湖大肆改变环境格局，破坏自然生态本底条件，也丧失了自身的优势资源。在分析的规划案例中，24%的小城镇未考虑山、水、林、田、湖等自然资源，忽视山形地貌，简单套用方格网式道路布局模式（图3-20、图3-21）。

2. 生态环境未被感知与利用，城景交融难以实现

河流、坑塘、山丘、林木是小城镇不可多得的生态环境资源，但在规划中往往缺乏对这些资源的充分感知与利用，通常表现在缺少对生态空间或视线通廊的预留，造成小城镇与河流、山体、林田等生态环境缺乏沟通与互动。实地调研案例中，有81%的小城镇生态视廊遭受不同程度的侵占，本该控制为生态视廊的区域很多被无序的城镇建设侵占，有的则被垃圾充填（图3-22、图3-23）。

图3-19　实地调研案例中生态空间遭侵占情况统计　　图3-20　规划案例中路网形式统计

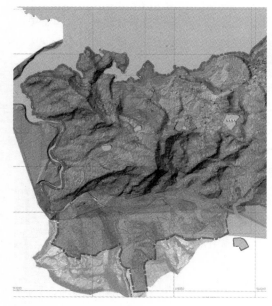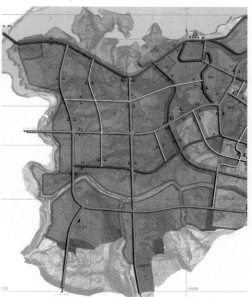

图3-21　某镇道路直接切割山地

图3-22 建在河道内的住宅

图3-23 建筑渣土堆积填埋池塘

图3-24 某村环境破败脏乱

图3-25 某村垃圾侵占河道

3. 村庄环境缺乏整治，美丽乡村建设任重道远

很多小城镇重视镇区建设，忽视镇域环境，对镇域内数量众多的村庄重视不够，村庄环境缺乏整治。广大的村庄缺乏最基本的服务设施，农民生活不便，环境脏乱，原住民纷纷搬离，导致村庄走向衰败，距离美丽乡村的愿景相距甚远（图3-24、图3-25）。

二、照搬城市的空间格局模式

1. 简单的功能分区，小城镇活力降低

小城镇的土地混合利用程度高，没有明显的功能分区[①]，但在规划编制中这一特征经常被忽视，规划编制技术人员往往套用城市规划中的功能分区手法，摒弃小城镇自身原有的功能复合且具有活力的城镇布局形式，对小城镇进行严格的功能分区。在研究的规划案例中，73%的规划案例忽视原有功能复合的布局特点，生硬地进行功能分区，规划出工、商、居严

① 引自：《说清小城镇——全国121个小城镇详细调查》。

格分离的空间布局形式，致使小城镇出现交通量增大、生活成本提升、城镇活力降低等弊病（图3-26）。

2. 路网间距偏大，道路网密度偏低，不实用、不便捷

小城镇的交通出行特征是以人行、非机动车交通、短距离出行交通、生活性交通为主，但很多规划案例忽视这些特征，盲目套用适用于机动车主导型交通的大间距、方格网道路布局，出现了道路网密度偏低的问题，如图3-27所示的小城镇干路间距多在500~1000米，路网密度低。规划案例中，干路间距在500米以上的占41%，支路间距在250米以上的占52%。这样的路网布局一方面不便于居民使用，另外也导致小城镇特有的空间肌理消失（图3-28、图3-29）。

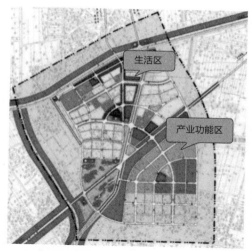

图3-26 简单进行功能分区示例图
（北居南工，对外交通和绿化带割裂了产业生产和生活功能区）

另外，巷路在小城镇生产生活中所起作用较大，也往往是最贴近居民使用的道路，是展示小城镇特色生活、风貌的重要载体，但实际建设中对这一级道路没有予以足够重视，虽然《镇规划标准》GB50188-2007中明确规定了"镇区的道路应分为主干路、干路、支路、巷路四级"，但在对规划案例的研究中发现没有规划巷路这一级道路的高达74%，个别规划了巷路的案例中，巷路间距也偏大，间距多在80~120米（图3-30、图3-31）。

图3-27 干路间距较大的小城镇案例示例图

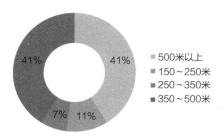

图3-28　干路间距情况统计

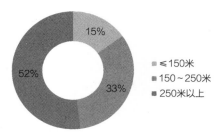

图3-29　支路间距情况统计

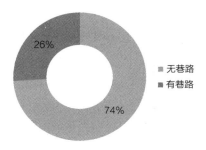

图3-30　巷路情况统计

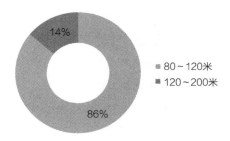

图3-31　巷路间距情况统计

3．新建区盲目扩张，土地利用粗放，资源浪费严重

很多小城镇对自身发展定位认知不够，盲目贪大，用地粗放现象普遍，很多土地圈而不用，还有很多小城镇近几年迅速向外围扩张，投入了大量资金进行基础设施建设，大修道路、架设管线，但招商引资困难、住宅入住率低，土地和房屋大量空置。

有的小城镇忽视自身产业基础，在区域层面缺少统筹布局，各镇竞相建设产业园区，造成区域内镇级工业园区"遍地开花"，产业同质化竞争，各产业园发展不景气，造成了土地资源和建设资金的极大浪费。

三、忽视地域特色，缺乏本土文化传承

1．传统风貌片区和传统建筑疏于保护与利用

很多小城镇的文保建筑虽然得到了保护，但对小城镇风貌有重要作用的传统风貌片区尚未得到重视与保护，面临荒废、拆除、风貌冲突的困境。有些小城镇在进行旧城更新或新城建设时，盲目拆除具有地域特色或文化特色的传统风貌区。有些小城镇在传统风貌片区进行建设时未注意对传统风貌的传承，建设出很多与传统风貌格格不入的新建建筑，出

现了建设性破坏。少量具备旅游资源的传统风貌片区存在过度开发、过度商业化的现象（图3-32、图3-33）。

许多小城镇有深厚的历史文化底蕴，留存很多历史建筑，这部分建筑是体现小城镇特色的重要载体。但据对优秀规划案例的分析发现，其中有26%的小城镇在规划中缺乏对传统民居和历史建筑保护与传承的阐述。另外，在实地调研中发现，约90%的小城镇中的传统民居或历史风貌建筑遭到建设性破坏（图3-34、图3-35）。

还有很多小城镇只重视新区而忽视了老镇区，老镇区内设施缺乏、环境破败，人居环境较差，发展乏力。如图3-36所示的某镇，新镇区内宽敞的道路、漂亮的楼房与老镇区破烂的房屋、泥泞的小路形成鲜明对比。

2. 新建区忽视传统风貌与特色，新区旧城建设割裂

由于在小城镇规划布局中未考虑文脉传承与延续，小城镇的新建片区普遍脱离传统的城镇形态，割裂了小城镇新旧建设的关联，使得新区旧城风貌不协调。在我们研究的规划案例中，63%的规划案例在新增建设用地规划中未充分考虑特色传承与发展，使新增建设用地的空间形态与老镇区大相径庭（图3-37、图3-38）。

图3-32　未得到保护与利用的特色风貌建筑

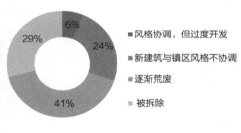

图3-33　现状特色风貌区情况统计

图3-34　新建筑与传统风貌区不协调的示例图

图3-35　优秀规划案例中传统风貌建筑保护情况统计表

图3-36　某镇破败的老镇区与现代宜居的新镇区

图3-37　新老镇区差异巨大的小城镇示例图

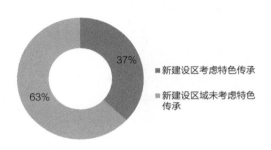

37%
63%

■新建设区考虑特色传承

■新建设区域未考虑特色传承

图3-38　优秀规划案例考虑特色传承的情况统计

3. 新建建筑缺乏引导，风貌混杂，缺乏地域特色表达

很多小城镇的新建建筑风貌混杂，缺乏对传统元素、材料、技法的传承，丢失了建筑的地域特色。

建筑设计模式化现象也普遍存在，在设计与建设上缺少对地域特色元素的运用与创新，建筑风貌同质化严重，缺乏标志性和辨识性，毫无特色可言，造成了"千镇一面"的现象（图3-39）。

小城镇的新建建筑随意移植外来建筑形式的现象比较普遍。很多小城镇照搬照抄欧式、徽派等建筑风格，造成自身特色缺失，城镇风貌混乱。还有的小城镇的办公建筑盲目追求特色与标新立异，出现了很多"奇、洋、怪"的建筑（图3-40、图3-41）。

4. 文化场所消失或缺乏营造，民俗节庆、特色集会等特色人文活动缺乏传承与发展

部分小城镇在发展建设中忽视地方文化与特色的保护与传承，承载地方传统文化与特色的文化场所，如特色街巷、祠堂、戏台、礼堂、寺庙等，往往处于被拆除、破坏或缺乏维护

图3-39 缺乏标志性和辨识性的建筑
（地处不同区域的镇却拥有相似的风貌）

图3-40 某镇的欧式风情街
（某镇有一定的文化遗存，在建设时却完全采用欧式建筑风格，整个街区照搬欧洲城镇文化景观）

图3-41 某白酒小镇的办公建筑

的状态，地方文化无处安放，特色文化活动无处举行。

许多小城镇原本拥有丰富独特的人文活动，如婚丧嫁娶、祭祀等民俗活动，地方或民族特色节庆，如赶集、庙会等集会活动。但随着经济发展、生活方式的改变、外来文化的进入、老建筑的拆除、活动场所的消失，上述小城镇特色人文活动面临传承危机甚至已经消失。

部分小城镇历史悠久，拥有大量独特的非物质文化遗产，如编织、刺绣等传统手工艺，以及戏剧舞蹈等演艺活动，人文特色突出。但受到外来文化的强势冲击，又缺少相应的关注与保护，这些非物质文化遗产往往无人继承、无空间承载，大量非物质文化遗产即将失传甚至已经失传，小城镇非物质层面的特色塑造难以为继（图3-42~图3-44）。

图3-42　在局促简陋的场地里进行的艺术表演
（人们登上房顶、爬上树观看传统表演艺术节目）

图3-43　街头表演的武术演出

图3-44a　小城镇传统节庆活动

图3-44b　小城镇现代娱乐活动

（小城镇传统的年俗、民俗、节庆活动正在渐渐被摒弃，转而由现代娱乐取而代之）

四、缺乏以人为本的环境建设

1．绿地广场重形象轻功能，利用率低、实用性差

　　小城镇的公共空间存在着"比排场、讲规模"的现象。在分析的规划案例中，镇区内单个广场面积在2公顷以上的镇占比为28%，其中，个别案例中的广场面积甚至达到了10公顷，远超出实际使用需求，造成了土地和建设资金的浪费。

　　在广场的规划设计中追求几何构图，对人性化环境及设施的考虑不足，往往设计大草坪和大面积的硬质铺装，没有人性化的、能够让居民停留驻足的空间，绿地广场大而不实。调研访谈中很多小城镇居民也反映了绿地广场等公共空间实用性低的问题，这些绿地广场内往往缺少长凳、活动器材、挡雨亭台等服务设施，无障碍设计更是无从谈起，无法充分满足居民的活动需求（图3-45）。

　　绿化种植也存在很多问题，首先，植物景观配置缺乏系统的规划设计，在层次变化、色

图3-45　各地大广场示例图

图3-46　位于不同地区的镇却拥有相似的标志雕塑

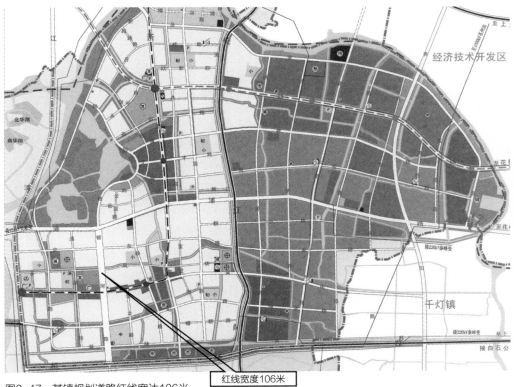

图3-47 某镇规划道路红线宽达106米

红线宽度106米

彩搭配及季相景观方面有所欠缺；其次，树种选择盲目引用大量非本土的景观树种，苗木价格及养护成本高；再次，后期养护水平不足，缺乏长效机制，继而对前期的资金投入造成浪费。

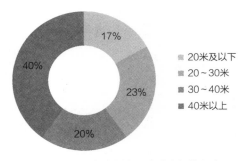

图3-48 优秀规划案例中最宽道路红线宽度

另外，小城镇绿地广场等公共场所的可识别性较差，在环境小品、街道家具等的设计上往往忽略地域特色和文化塑造，缺乏地域标识的表达，可识别性较差，如图3-46所示，位于不同地区的镇却拥有类似的标志雕塑。

2. 街道过宽，使用不便，尺度缺乏亲和感

在分析的规划案例中，有40%的小城镇主干路红线宽度在40米以上，某镇道路红线宽度甚至达到106米，街巷趣味性与亲和感缺失，宜居性差。另外，过宽的道路建设造成土地资源、建设资金的极大浪费，城镇建设不可持续（图3-47、图3-48）。

实地调研中同时发现，过宽道路的实际利用率极低，并且与周围建筑尺度不协调。很多小城镇的街道宽度与两侧建筑高度的比例即街巷的宽高比大于2，造成居民穿行不便、

空间围合、亲和感彻底消失等问题。这一问题在新区建设中尤其突出，如图3-49所示，某镇道路断面采用类似大城市中快速路的断面形式，双向六车道，道路使用率低，居民使用不便。

3. 居民日常交往空间减少，传统血缘与地缘人际关系受到冲击

小城镇居民更喜欢传统的街坊式的居住空间，在走访座谈中，44%的民众理想中的住房是独门独院的，28%的民众理想中的住房是多层楼房，17%的民众理想中的住房是平房，仅有11%的民众理想中的住房是高层楼房。但目前小城镇的规划建设往往是套用城市封闭小区式的建设模式，改变了原有便捷亲和的街巷格局，小城镇原有的街坊式的居住生活空间随之发生了改变，进而影响到居民的社交与邻里关系：公共活动空间的缺乏导致居民日常交往逐渐减少，原来街坊式的居住形式实际上十分有利于居民交流与交往，而现代高层居民楼和封闭小区在一定程度上妨碍了居民的社交（图3-50）。

图3-49　某镇新修的双向8车道道路

图3-50　小城镇居住及交往空间的转变

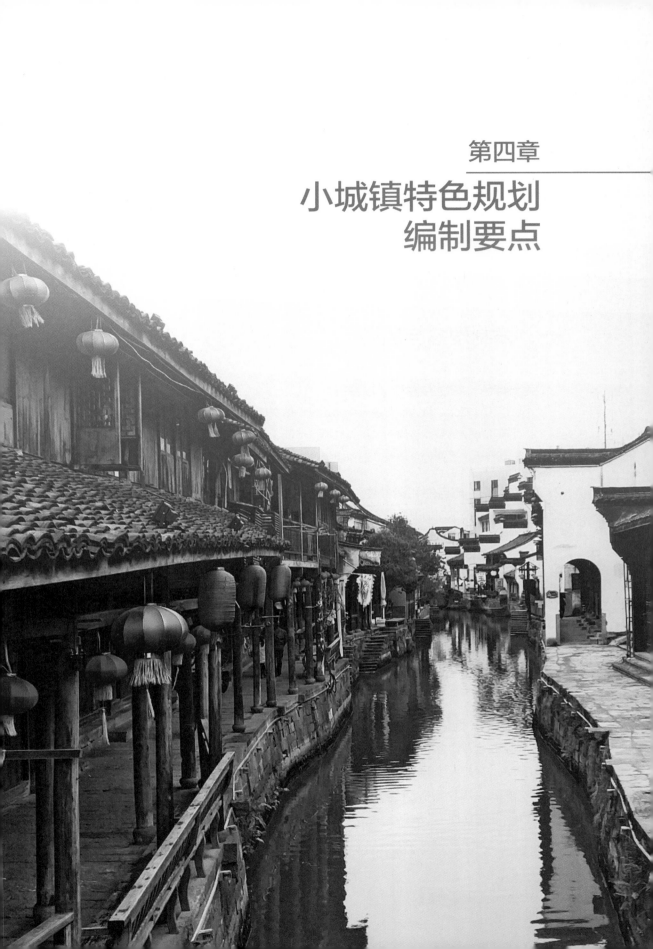

第四章

小城镇特色规划
编制要点

第一节 编制理念与成果要求

一、编制理念与原则

1. 突出特色，彰显共性与个性特征

引导小城镇因地制宜、量力而行进行规划建设，更亲近自然、更敬畏传统，彰显地域和文化特色，促使小城镇的整体格局和风貌具有典型特征、建设高度和密度适宜。体现地域差异性，根据自身特色，选择特色产业。避免照搬城市形态，防止千镇一面。

2. 生态优先，与自然和谐共生

把保护环境、生态文明的理念融入小城镇规划建设，重视生态环境，推进绿色发展、循环发展，利用好山水田园环境，强化环境保护和生态修复，减少对自然的改造与损害，营造城景交融的良好空间环境。

3. 尊重历史，传承文化与记忆

充分尊重小城镇生长规律，挖掘本地传统文化，保护传承文化遗产，保留不同时期的历史记忆，融入生产生活，塑造小城镇文化精神。保护传统的或具有公共记忆的格局、场所、建筑、文化、产业和生活方式，利用好古树名木、古桥、楼阁庙宇等历史遗存，传承本土建筑形式与风格，发扬传统手工艺技术。注重小城镇新旧建设的协调和有机衔接，传承地域文化。

4. 以人为本，促进集约高效发展

坚持将宜居、宜业作为小城镇规划建设的根本目标，处理好活动空间与小城镇居民行为心理偏好的关系，保持人性化的空间尺度，努力建设宜居环境，使土地、资金、绿化美化的投入与小城镇居民生活习惯高度契合，避免宽马路、大广场等形象工程，合理降低工业园区道路建设和绿化美化标准。小城镇建设与产业发展同步协调，土地利用集约节约，防止盲目造镇。

二、编制成果应易懂易用

成果表达简明，重视特色引导。小城镇的规划编制应在符合国家有关标准规范的基础上适当简化，以便于实施，从而切实提高规划的实用性。在规划中重视小城镇特色营造，加强小城镇特色定位与引导策略研究。同时适当简化规划成果内容，在小城镇的规划中应对各层次的规划内容予以形象的图示说明，少用各类抽象分析图示（图4-1~图4-3）。

小城镇的重要节点、重要地段根据需要编制城市设计。有条件的地区可根据需要单独编制面向管理、面向实施的环境综合整治规划，进行风貌的总体整治和管控。

图4-1 宏观层面表达参考示例图
（用形象的鸟瞰图表达城镇整体空间形态、路网格局与山水田园的关系）

图4-2 中观层面表达参考示例图
（用明确的图示表达城镇沿江立面形象和天际轮廓线，展现显山露水的城镇意向）

■ 建筑风貌特征

- 屋顶形式：居住建筑基本为硬山顶，屋面坡度较缓；屋脊厚重平直，简洁明快，整体屋顶稳重端雅。屋面黑色板瓦，俯仰相扣，两侧高出屋面的山墙层次错落、含蓄规整。
- 立面特征：外墙厚重，山墙高耸。传统住宅的檐高通常为3~4米；大型住宅正厅可达5米。横向层次清晰，尺度亲切，比例匀称。
- 墙体：多为青砖砌筑、清水原色；墙体高大厚实，砌筑工艺工整，体现出"质本色清、雄浑儒雅"的气象。
- 色彩：于青灰中蕴含丰富的色彩微差，荧紫、土黄
- 装饰艺术（门楼、照壁、雕刻）

图4-3　微观层面引导参考表达示例图

（对重要街巷和建筑进行建设意向指引，对建筑的屋顶形式、色彩、材质提出管控要求）

第二节　外部环境

外部环境，既包括小城镇所处的山、水、田、园等自然环境，也包括由镇域乡村共同构成的整体环境。外部环境是小城镇赖以生存的基础。针对目前小城镇外部环境中出现的诸如外围生态空间遭破坏、生态环境未得到有效利用以及域内村庄环境欠佳等问题，提出保护山水田园、修复生态环境、全域协调统筹、建设美丽乡村等一系列的规划建议。

一、保护山水田园，修复生态环境

1. 保护山水田园

（1）保护山水格局，管控生态红线

注重对山、水、田、园的整体保护，保护小城镇的山水格局，严格管控基本农田、自然保护区、风景名胜区、水源保护地等重要生态功能区及环境敏感区域，划定生态红线，促进城镇建设张弛有度，使小城镇建设与自然和谐统一（图4-4、图4-5）。

（2）利用田园景观，塑造特色空间

充分保护与利用林、田、塘等大地景观资源，创造小城镇外围疏朗通透、富有乡土特色的田园景观（图4-6）。保留必要的晾晒场、打谷场、苗圃基地等设施农用地，既满足小城镇生产劳作的需要，又塑造出独具地域特色的景观空间（图4-7）。

（3）预留视线通廊，做到显山露水

充分利用小城镇外围及内部的山体、水体、林地、沟塘等自然景观，通过道路、水体预留视线通廊，控制视线通廊内的建设，使城镇景观内外连通，达到移步换景、显山露水的景观效果（图4-8、图4-9）。

图4-4　保护并利用好山水田园的正面示例图

（某镇充分利用山、水、林、田景观资源，城镇建设与外部环境融为一体）

图4-5　山水格局被破坏的示例图

（某镇采石场选址不当，在镇区外围损毁山林，造成山体裸露、植被破坏，小镇外部生态环境遭到破坏）

图4-6　某镇外围的农田

（农田种植充分利用自然地形，塑造了自然和谐的景观空间）

图4-7　某镇的晾晒场

（某镇的传统晾晒场，既方便实用，又呈现出红火的丰收场景，形成了独特的地域景观）

图4-8　结合山体、水体预留视线通廊的正面案例

（镇区内小河蜿蜒穿过，视线通廊结合水体张合有度，临水能望山景，步移景换）

图4-9　阻挡视线通廊的案例

（房屋修建在河堤上，占据行洪通道，不仅危害城镇安全，还严重破坏视线通廊）

2．修复生态环境

（1）修复山体环境

加强对已破坏山体的修复，通过清除危岩、边坡复绿等手段修复山体环境，种植乡土适生植物，重建植被群落，防止水土流失，提高山体地质安全性，并达到净化空气、美化环境的效果（图4-10、图4-11）。

（2）修复水体环境

加强镇域农村生活污水、农业面源的治理，通过河道综合整治、打通断头河、修复水生态、提升河道景观等措施，改善水体环境（图4-12、图4-13）。

图4-10　山体修复之前的照片

图4-11　山体修复之后的照片

（某镇由于多年以来的无序开采，境内山体遭到严重破坏。近年来大力推进生态修复工程，通过清除危岩、边坡复绿等手段修复矿山及裸露山体）

图4-12　水体修复之前的照片

图4-13　水体修复之后的照片

（该镇近几年不断加强水环境整治，实施亮底清淤、整坡护绿、建设亲水平台等工程，通过整治建成了集防洪、生态、景观、休闲于一体的景观生态廊道）

（3）修复土地沙化

加强土地沙化的防治，通过划定涵养区、设置沙障、灌草覆盖、人工造林等措施，改善土地沙化现状，防风固沙，改善人居环境（图4-14、图4-15）。

（4）修复退化林地和荒山荒坡

通过推进退化林改造示范基地等措施，推进退化林地改造工作。在树种选择上，应注重树种的本土化与多样性，打造具有地域标识的林地生态环境（图4-16、图4-17）。

图4-14 土地修复之前的照片
（某镇通过灌草覆盖、人工造林等手段，改善了土地沙化现状）

图4-15 土地修复之后的照片

图4-16 混交改造、林带更新等退化林地改造措施
（某镇通过种植适宜本土的树种和果树苗木，实现了万亩次生林改造，改善了生态环境）

图4-17 某镇的万亩次生林修复工程

二、全域协调统筹，建设美丽乡村

1. 合理优化农村居民点布局

从县域层面科学预测城乡人口分布趋势，慎重开展迁村并点，因地制宜推进空心村整治，尽量在原有村庄形态上改善居民生活条件，不提倡让农民"上楼"（图4-18、图4-19）。

2. 加强镇域整体风貌的控制引导

美丽乡村建设是小城镇特色风貌建设实现"由点成线及面"的重要抓手，是实现镇域一步一景的重要手段。城镇风貌建设中，要特别注重对乡村建筑风格、建筑色彩与建筑形式的引导与控制，促进镇域整体风貌的协调统一（图4-20、图4-21）。

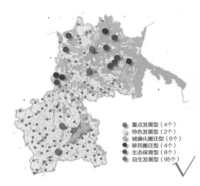

图4-18 某县村庄布点规划

（某县因地制宜进行村庄布点规划，将位于城镇规划区范围内的6个村庄划入城镇化搬迁型，高生态敏感地区的4个村庄划入移民搬迁型，95个村庄保持自生发展）

图4-19 某镇大规模拆村并居

（某镇实施拆村并居，新建了大量住宅，但原有的宅基地房屋难以拆除，土地招拍挂难以实现、土地增减难挂钩，并没有达到预期效果）

图4-20 整体风貌统一的水乡小镇

（镇域内的13个村由水网相连，建筑统一采用浅色系的现代建筑，整体风貌统一）

图4-21 整体风貌协调的雪乡小镇

（雪乡百余户的农房犹如一座座相连的"雪屋"，建筑风格统一，整体风貌协调）

3. 整治村庄环境，建设美丽乡村

通过对农民住房、村庄公共空间进行改造治理，改善农村人居环境，打造山水秀美、设施完善、生活便捷的美丽乡村（图4-22~图4-24）。

图4-22　大别山区村庄通过更换瓦片，协调建筑色彩

图4-23　某村河道整治

图4-24　某村河堤整治

第三节　整体格局

　　小城镇的整体格局，是小城镇的建设用地在空间上的整体形态表现，是关系小城镇特色风貌塑造的关键环节。构建具有特色的整体格局主要有四方面的要求：一是要顺应山水、契合地貌，城镇布局既要顺应外部山水环境又要利用内部有利地形地貌，形成有地域特色的空间格局。二是要有舒缓平和并与山水环境协调的天际线。三是要延续自然肌理，尊重小城镇现有空间格局、路网和生产生活方式，新老镇区有机协调。四是要有合理的路网形式，一方面路网布局应顺应自然地形，延续传统肌理，彰显地域特点，另一方面要提高路网密度，增加支路和巷路，完善交通微循环。

一、顺应地形地貌

　　小城镇建设规划要与地形地貌有机结合，融入山、水、林、田、湖等自然要素，彰显山水格局，塑造丰富的天际线，展现特色风貌。

　　按照小城镇所处的地形、地貌的差异性，大致可划分为滨水地区小城镇、山地丘陵地区小城镇和平原地区小城镇。小城镇顺应地形地貌创造富有特色的整体格局主要通过两方面来实现：一方面是顺应外部山水环境，整体相得益彰；另一方面是利用内部有利地形地貌，创造富有地域特色的空间。

1. 滨水地区小城镇

　　滨水地区小城镇包括濒临江河、湖泊的城镇，以及滨海城镇。此类城镇往往因水而生、依水而兴，水体空间是城镇的特色空间，也往往是城镇居民对本地认同感最强的区域，城镇特色的塑造要充分考虑滨水环境的打造。

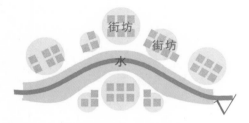

图4-25　顺应原有水系形态进行布局

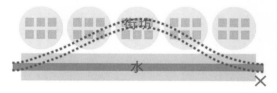

图4-26　截弯取直进行布局示意图

图4-27　顺应水系形态布局示例图

（镇区傍水而建，建设与岸线走向一致，整体富有变化又具有秩序，形成了风貌和谐饱满的滨水城镇景观）

（1）利用现状水体形态，整体布局顺应水系

▲　滨水线性布局型

具有特征明显、界限清晰的水岸线小城镇，沿岸线展开，建设走向应与岸线一致，主要道路及建筑布局宜顺应水系、错落有致，展示滨水城镇空间，彰显滨水特色，避免对原有水系强行截弯取直（图4-25~图4-27）。

▲　沿水网组团状布局型

水网密集地区河流众多、湖荡密布，此类小城镇布局应保护并遵循现状水系格局，保证城镇内外水网的连通，建设傍水抱团型格局，并注重所有滨水界面的打造，避免盲目填河围湖、集中布局（图4-28~图4-30）。

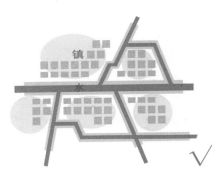

图4-28 顺应原有水系形态进行团状布局
示意图

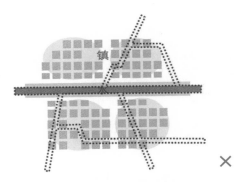

图4-29 填河围湖进行集中布局示意图

图4-30 顺应水系布局示例图
（镇区建设因循水系纵横，路径蜿蜒曲折，
形成沿水网组团状格局，展现水乡景致）

（2）预留滨水公共空间，创造多样滨水体验

应预留滨水公共空间，结合水系打造公共活动空间，创造多样化滨水体验，如亲水、赏水、游水、戏水等多种水体感知活动，尽可能地提高滨水空间的公共属性。应因地制宜，合理设置岸线退让距离（图4-31~图4-33）。

2. 山地、丘陵地区小城镇

（1）顺应地形，依山就势

位于山地、丘陵地区的小城镇应因地制宜选择布局模式，或选择地势相对平坦的地区集中建设，或沿山体等高线进行建设。

▲ 依山错落型

依山错落型小城镇宜在坡度适宜、采光良好的山区，沿山体等高线布局，建筑随地形布置，形成人工建设与自然环境分层错落、交相掩映的景观，避免盲目削山平地、破坏地形起伏（图4-34、图4-35）。

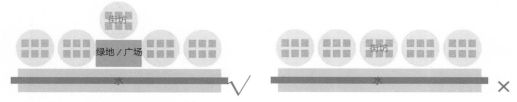

图4-31　建筑退距错落有致示意图　　　　　　　　图4-32　建筑布局呆板示意图

图4-33　建筑退距错落有致示例图
（某镇沿河道布局了绿地、小广场及活动场所，营造了丰富的滨水空间）

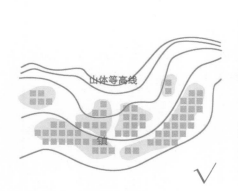

图4-34　依山错落型布局示意图

图4-35　依山错落型布局示例图
（某镇建设遵循地形变化，形成错落有序的山地小城镇景观）

▲ 山谷延展型

山谷延展型小城镇多位于蜿蜒起伏的山谷或河谷平原地带，地形往往带有狭长纵深的特点，整体布局应顺应山谷地形，城镇建设多在山谷平坦地带展开，多呈线型布局（图4-36、图4-37）。

▲ 群山环抱型

群山环抱型小城镇宜结合地形紧凑布局、集中建设，并注重对周边山体环境的保护和利用，构建景观视线通廊，使人们感受到城镇在山中、山色入镇中的意境（图4-38、图4-39）。

在山地、丘陵地区的城镇中，对于临山场地的利用，为体现山地城镇特色，要尽可能体现地形的起伏感，场地平整宜顺应地势。在山势变化起伏较大的区域可以在一定限度内将起伏的基地改为阶梯状的平整场地，在平整场地上进行建设。不宜进行深开挖、高切坡、高填方等，以降低场地平整的工程量和工程地质灾害风险（图4-40~图4-42）。

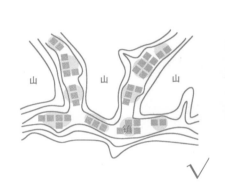

图4-36　山谷延展型布局示意图

图4-37　山谷延展型布局示例图
（该镇地处山谷之中，城镇布局顺应山谷形态，形成带状布局）

图4-38　群山环抱型布局示意图

图4-39　群山环抱型布局示例图
（某镇利用山坳处进行集中建设，形成集聚的空间形态）

图4-40　原始场地示意图

图4-41　顺应地势的台式场地示意图

图4-42　破坏地形建设示意图

（2）因借山景，引景入城

山地、丘陵地区小城镇的主要道路或河流水系，应考虑作为重要的景观轴线，作为城镇内外景观联通的廊道。利用"借景"的景观处理手法，充分利用城镇外围的远山、城镇近处的山头等景观元素，构建视线走廊，使人们感受到镇在山中、山色入镇的景观效果。还可以在周边高处建设观景点，以此为核心连接城镇内部若干重要公共空间，依托道路、水系等形成景观廊道，使得山色与城景互为感知，达到城景共生的景观效果（图4-43~图4-45）。

3. 平原地区小城镇

（1）集约节约用地，采取紧凑布局

平原地区小城镇建设中的制约因素较少，宜采取相对集中的布局方式，避免零散布局、浪费土地。充分利用镇区内部林地、池塘等自然资源，建设为公共开敞空间。通过防护林带或生态廊道的建设，将外围农田等自然要素引入镇区内部，构筑平原地区的特色风貌（图4-46~图4-48）。

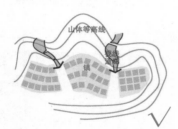

图4-43　群山环抱型小城镇"借景"示意图

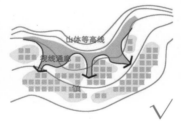

图4-44　依山错落型小城镇"借景"示意图

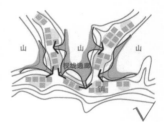

图4-45　山谷延展型小城镇"借景"示意图

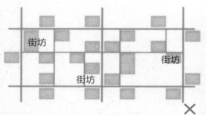

图4-46　零散布局型示意图

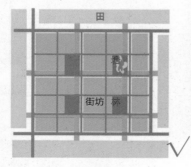

图4-47　紧凑布局型示意图

图4-48　紧凑布局示例图

（镇区采用紧凑式的布局方式，沿主干路两侧集中布局）

图4-49 开敞空间示例图

（某镇结合镇边农田建设开敞空间，农田、开敞空间与镇区道路绿带共同构成景观廊道）

图4-50 内外景观生态廊道示例图

（沿主要道路形成与外围农田相连的放射状景观廊道，保留并利用水塘、树林等资源，形成公共活动空间）

（2）保护林塘，构建景观廊道

积极保护和利用城镇内部的水系、池塘、树林等自然资源，结合上述自然资源建设城镇公共开敞活动空间，丰富镇区内部景观。同时，广袤的农田、菜地是小城镇的背景，城镇应通过防护林带或生态廊道的建设，将外围自然环境引入城镇内部，城镇内外生态景观资源贯穿联通，构筑平原城镇的特色景观风貌（图4-49、图4-50）。

二、天际线舒缓平和

小城镇因整体规模不大，建设强度不高，建筑高度差距不宜太大，因此天际线的整体节奏宜舒缓平和。小城镇可控制极少量的建筑物、构筑物作为制高点，起到丰富天际线变化的作用，这样的建筑物、构筑物以公共建筑为宜。

小城镇天际线的控制还应与自然环境相得益彰、相映成趣。如依山而建的小城镇可利用自然的落差，整体天际线与山体轮廓线遥相呼应，同时，注意建筑不能遮挡山体背景，建设布局宜低地低建、高地高建的分层次展开（图4-51）。

图4-51 天际线与山体轮廓线的关系正面示例图

（建筑依山而建，城镇天际线和低于山体轮廓线，呈现出城镇与山势的和谐之美）

三、延续自然肌理

尊重小城镇现有空间格局、路网和生产生活方式，重点解决老镇区功能不完善、环境脏乱差等问题，尽量增加支路和巷路，提升路网密度，并引导交通流向新镇区。严禁对老镇区进行大拆大建或简单粗暴地推倒重建，避免采取将现有居民整体迁出的开发模式。

新建区域应延续老街区的肌理和文脉特征，按照现代交通需求因地制宜地进行规划，新镇区的道路网格局要顺应原有的路网格局，因势利导地进行外延，将小城镇原有的肌理扩展到更大的空间，使新老镇区形成有机的整体（图4-52、图4-53）。

图4-52　新老镇区融合的示例图
（某镇新镇区延续老镇区的城镇格局和肌理）

图4-53　缺乏联系的新老镇区示例图
（某镇新老镇区联系差、新老镇区各自为政）

四、合理的路网形式

路网是小城镇整体格局的骨架，决定着城镇的肌理形态，小城镇的路网整体上应顺应地形，延续肌理，体现城镇小巧的特征。严禁忽视现状条件，盲目规划笔直的道路。

1. 顺应自然地形，延续传统肌理

（1）滨水地区路网布局模式

滨水地区小城镇的路网布局要顺应河流走向，随水岸线布局，应尽可能展现具有地域特色的自然环境（图4-54~图4-56）。

（2）山地、丘陵地区路网布局模式

山地、丘陵地区小城镇的道路网要顺应等高线布局，这样既可以减少工程投资又可以塑造更加宜人的城镇景观。部分人行步道可采取垂直等高线的布局方式，这样既可以提高道路系统的通达性，又有利于营造立体、丰富的景观（图4-57、图4-58）。

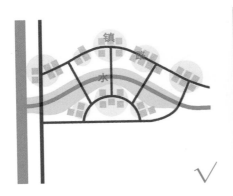

图4-54　路网顺应水体布局示意图

图4-55　路网顺应水体布局示例图

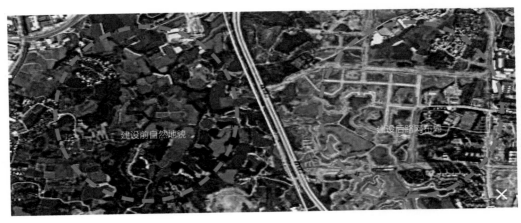

图4-56　路网未考虑地形特征示例图
（某镇未考虑水网特征，填塘造路，空间格局生硬呆板）

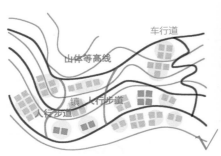

图4-57　顺应等高线布局示意图
（非机动车道路顺应等高线布局，人行步道
可垂直等高线布局）

图4-58　顺应等高线布局示例图

2. 提高路网密度，优化道路系统

根据实地调研，小城镇居民的生活方式和出行方式与大城市有很大的不同，相比于大城市小汽车、公共交通出行为主导的特征，大部分的小城镇步行、电动车出行比重在60%以上，小汽车出行比重升高趋势明显，对支路和巷路的需求高。

调研发现，典型小城镇的干路间距一般为200米左右，支路间距为100米左右，巷路间距为50~80米，均小于现行规范《镇规划标准》GB50188-2007中的规定。由此可见需要进一步提高小城镇的路网密度（表4-1、表4-2）。

典型小城镇道路间距调查表（单位：米）　　　　　　　表4-1

镇		干路间距	支路间距	巷路间距
江苏省	同里镇	250	150	80
浙江省	溪口镇	350	120	70
安徽省	三河镇	200	150	60
江西省	江湾镇	150	120	80
湖南省	清溪镇	250	150	80
海南省	博鳌镇	220	120	80
云南省	和顺镇	150	80	50
新疆维吾尔自治区	半截沟镇	150	100	60
河北省	天台山镇	200	100	80
北京市	庞各庄镇	350	250	—
黑龙江省	横道河子镇	250	120	80
上海市	朱家角镇	200	100	50

《镇规划标准》GB50188-2007中确定的小城镇道路间距指标表（单位：米）　　表4-2

	生活型干路	支路	巷路
镇规划标准	250~500	120~300	60~150

小城镇内部的社会关系结构较稳定，世居家庭多[①]，是典型的"熟人社会"，加之规模较小，居民日常交往频繁。规划设计时应重视支路和巷路的合理设置，通过支路和巷路联系更多的公共空间，部分巷路天然就是居民的交往场所，让居民日常交往更便利。

小城镇的路网应体现便捷、通达的特征，道路间距不宜过大。结合小城镇的调研数

[①] 《说清小城镇——全国121个小城镇详细调查》一书中所调研的小城镇中，小城镇建成区常住居民中，世居家庭比例高达72%，后期迁入镇建成区的家庭占28%，以近20年内迁入居多。

据，路网密度与城镇规模有关，规模越小的城镇路网密度应该越大，较高的路网密度、较小的地块划分能够创造更多的交往空间，更能够满足小城镇居民日常生活中频繁交往的需求。建议小城镇的道路网密度不宜低于12千米/平方公里（不含巷路）。一般来讲生活型干路网的间距在150~250米之间；支路是确定小城镇街坊尺度的主要道路，道路间距宜控制在80~150米；巷路是小城镇组织居民生活的道路，适宜的道路间距为50~80米（图4-59）。

图4-59 适宜的道路网密度示例图
（某镇的老镇区采用较高的路网密度，主次干路间距150~250米，支路间距在100米以内，巷路间距约50米，道路网密度为13.6千米/平方千米）

第四节 居住街坊

大城市的居住空间以居住区、居住小区形式为主，而小城镇则更多地保留了传统的街坊[①]形式。街坊在历史的演变中，其功能由管理的基本单位演变为生活空间的基本单元，街坊的划分由城市干路分隔演变为由生活性街巷分隔。小城镇的居住街坊空间作为小城镇生活、交流、就业的主要空间单元，应是开放的、小尺度的。

一、开放式街坊住区

考虑小城镇居民生活方式及生活偏好，以及小城镇中的地缘、血缘关系，小城镇应以开放式街坊住区为主，居住区不宜设置封闭围墙，应实现破墙透绿、设施共享，营造开放、共享、包容的居住区环境，增强小城镇的活力和亲切感（图4-60~图4-62）。

街坊内部以巷路相连，注重公共交往空间的打造，创造场所，促进传统邻里关系的延续。

---

① 汉朝的居住地段称"闾里"，里是一个封闭的居住单位，闾是里的门，闾里内"室居栉比，门巷修直"，为院子并联排列，为巷所隔；唐朝采用严格"坊里"制度，便于统治管理，坊里以城市干道划分，东西有两个坊门，坊里四周有夯土的坊墙，规模在20公顷以上，这个规模是空前绝后的，每一坊里像一座小城；元朝时称"坊"，坊是一块地段的名称，由一些院落式的住宅并联而成，无坊墙和坊门，坊内有小巷和胡同，街坊的长度以步计，清华大学建筑学院教授段正之提出"胡同与胡同之间的距离为五十步，合77米。这个长度是指自第一条胡同的路中心，至次一条胡同的路中心而言的……"；清朝街坊尺度在元朝街坊的基础上进行演化，清华大学王贵祥教授提出"随着人口的增多、社会的发展，居住者的住房总体配备水平降低，规模缩减，导致街坊边界重新加以划分"。

图4-60 开放式住区示例图
（某镇居住区不设围墙，注重公共交往空间的打造）

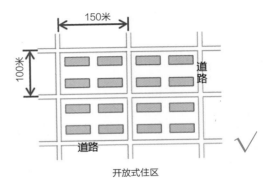

开放式住区

图4-61 封闭式住区示例图
（某商品房小区采取封闭模式，设置围墙）

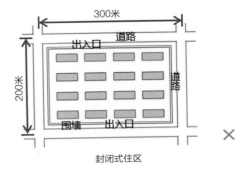

封闭式住区

图4-62 开放式和封闭式住区示意图

二、小尺度街坊住区

　　街坊住区应以小尺度为宜，以100~150米的道路网间距进行划分，延续小城镇原有的邻里关系，避免采用城市"居住小区"规划模式和城市道路网系统（图4-63、图4-64）。

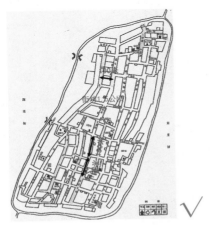

图4-63 适宜的街坊尺度示例图
（街坊以100~150米路网分隔，街坊规模在1~2公顷左右）

图4-64 某镇新建居住区与全镇肌理不协调

图4-65 以低层建筑为主的城镇风貌示例图　　　　图4-66 某小镇的高层住宅①

三、控制建设高度与强度

1. 以低层、多层为主

小城镇建设应适度控制开发强度②。新建住宅宜以低层、多层为主，新建住宅建筑高度不宜超过20米，避免建设高层住宅（图4-65、图4-66）。

另外针对镇区内的集体建设用地也应当予以引导与管理，加强对闲置宅基地整理，镇规划区范围内不宜新批宅基地。已批宅基地上的自建房改扩建高度不宜超过10米。

2. 避免建设大体量建筑

避免建设大体量的住宅。单体建筑面宽不宜超过40米，避免建设与整体环境不协调的高层或大体量建筑（图4-67、图4-68）。

图4-67 某镇住宅体量适宜且整体和谐　　　　图4-68 某镇住宅体量与整体格局不协调③

---

① 图片来源：2011年、2013年度各地报送《全国优秀城乡规划设计奖（村镇规划类）》设计评选报奖材料。
② 实地调查发现：小城镇80%以上建筑为低层，小城镇建设强度低，平均容积率为0.73。
③ 图片来源：2011年、2013年度各地报送《全国优秀城乡规划设计奖（村镇规划类）》设计评选报奖材料。

四、合理确定居住用地规模

现行《镇规划标准》GB50188-2007规定，小城镇居住用地占建设用地比例应为28%~43%，以人均建设用地面积100~120平方米计算，人均居住用地面积应为28~52平方米。但从现实情况看，小城镇居住用地与国家标准、规范规定存在一定差距。为合理确定居住用地规模，本指南根据实际调查提出调整建议。

本指南共选取50个小城镇进行分析，其中13个生活服务型小城镇、17个工贸型小城镇、20个旅游型小城镇。从调研案例看，居住用地普遍存在比例偏高、人均住宅建筑面积过大等问题，且不同类型的小城镇居住用地规模也存在一定差异。

经统计，50个小城镇中现状居住用地占建设用地的比例较高，并且不同类型小城镇居住用地占比存在差异，生活服务型占比高，平均在53%，工贸型平均在43%，旅游型平均在42%（图4-69）。现状人均居住用地面积普遍较高，其中生活服务型较高，平均为80平方米；工贸型和旅游型较低，但也在55平方米以上（图4-70）。每户住宅面积在80~180平方米，人均住宅建筑面积30~50平方米，按照自建房占40%~60%的比例、容积率0.5~0.7计算，人均居住用地面积有些已经达到100平方米（表4-3）。

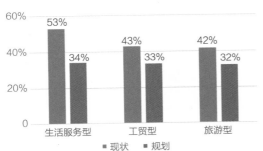

图4-69 调研案例中居住用地面积占比统计

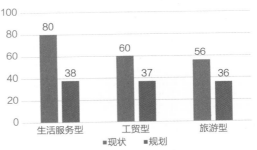

图4-70 调研案例中人均居住用地面积统计
（单位：平方米）

部分小城镇居住用地面积汇总　　　　表4-3

区域	省	镇	现状居住用地			规划居住用地			城镇类型
			总面积（公顷）	人均面积（平方米）	占建设用地比例（%）	总面积（公顷）	人均面积（平方米）	占建设用地比例（%）	
东北	黑龙江	横道河子镇	137.1	102.3	59	102.9	44.9	33	旅游型
	吉林省	八屋镇	110.0	106.3	63	110.6	39.5	28	工贸型
华北	河北省	伯延镇	92.4	108.0	83	99.9	66.3	57	工贸型
		大新庄镇	93.6	94.0	60	66.2	33.1	19	生活服务型
		西葛镇	70.0	132.9	46	88.4	52.0	49	工贸型
	北京市	十渡镇	—	—	—	14.6	29.2	24	旅游型

区域	省	镇	现状居住用地			规划居住用地			城镇类型
			总面积（公顷）	人均面积（平方米）	占建设用地比例（%）	总面积（公顷）	人均面积（平方米）	占建设用地比例（%）	
华东	浙江省	西店镇	204.2	51.2	37	434.3	33.2	30	工贸型
	安徽省	隐贤镇	44.1	51.9	48	80.8	32.1	30	生活服务型
		伏岭镇	42.2	101.1	15	190.7	47.6	48	旅游型
		六郎镇	53.3	75.5	45	81.6	27.2	25	生活服务型
		毛坦厂镇	63.9	21.7	56	120.9	42.6	32	工贸型
		三河镇	150.0	50.0	50	174.6	34.9	33	旅游型
	江苏省	龙虬镇	23.3	62.2	30	46.5	42.3	37	旅游型
		盐东镇	124.0	53.9	41	260.9	40.1	35	工贸型
		安丰镇	148.9	49.6	48	175.1	35.0	41	工贸型
		氾水镇	90.2	—	72	120.1	—	68	生活服务型
		华冲镇	236.1	—	69	216.8	—	37	工贸型
		东坝镇	87.8	98.0	33	168.2	40.0	29	生活服务型
		塘栖镇	178.5	35.7	17	492.9	30.8	21	生活服务型
		王江泾镇	—	—	—	398.3	28.5	24	工贸型
		大纵湖镇	65.7	54.8	41	129.7	32.4	29	工贸型
	福建省	小陶镇	63.4	63.4	56	230.8	38.5	33	旅游型
		湖头镇	584.4	80.0	66	380.4	25.4	21	生活服务型
华南	广西壮族自治区	党江镇	74.6	76.0	75	134.9	38.6	39	旅游型
		太平镇	38.4	54.8	64	86.8	39.5	43	工贸型
		贺街镇	142.3	71.1	58	144.1	23.3	20	旅游型
	海南省	新村镇	67.3	30.6	50	140.9	38.1	43	旅游型
华中	河南省	冗村镇	142.6	79.2	50	223.7	26.0	25	工贸型
		横水镇	29.5	40.0	33	83.6	30.9	30	工贸型
	湖南省	桃花源镇	15.6	—	22	220.0	32.8	28	旅游型
		营田镇	215.9	50.2	41	263.4	26.3	26	旅游型
	湖北省	漳河镇	24.5	—	18	200.5	35.8	28	旅游型
		肖港镇	100.4	52.0	52	252.5	42.8	45	工贸型
		野三关镇	—	—	—	300.0	30.0	32	工贸型
		石龙镇	20.1	50.9	44	132.7	29.7	27	生活服务型
		五祖镇	—	—	—	310.9	38.9	36	旅游型

区域	省	镇	现状居住用地			规划居住用地			城镇类型
			总面积（公顷）	人均面积（平方米）	占建设用地比例（%）	总面积（公顷）	人均面积（平方米）	占建设用地比例（%）	
西北	青海省	坎布拉镇	1.9	101.0	8	23.9	39.8	35	旅游型
	新疆维吾尔自治区	和什托洛盖镇	189.4	126.3	45	565.5	38.7	16	工贸型
		长山子镇	28.2	139.5	51	45.8	55.9	40	生活服务型
		克孜勒乌英克镇	35.8	130.9	39	41.5	55.3	28	生活服务型
西南	四川省	水磨镇	—	—	—	47.9	59.9	28	旅游型
		映秀镇	—	—	—	23.6	50.2	33	生活服务型
		柳江镇	34.8	77.4	55	52.0	30.6	26	旅游型
		汉旺镇	135.5	40.1	33	251.8	31.5	29	生活服务型
	云南省	荷花旅游小镇	23.2	66.1	54	127.3	42.4	33	旅游型
	贵州省	卫城镇	79.3	46.6	55	137.3	26.4	27	旅游型
		施洞镇	19.5	28.5	47	56.9	33.5	33	旅游型
		木黄镇	27.9	—	55	62.3	27.1	37	旅游型
	重庆市	西沱镇	173.6	36.9	55	192.9	22.7	25	工贸型
		高峰镇	23.0	57.9	51	71.1	33.8	32	生活服务型

小城镇居住用地规模存在以上问题有一定的现实原因。小城镇的住宅多以低层、多层为主；居住形式以街坊式为主；自建房比例高，自建房容积率往往较低。而较高的居住用地面积、较低的建设强度，也恰恰是小城镇的特色，呈现出与大城市截然不同的面貌。现行的规划编制大幅度压缩人均居住用地面积以及居住用地比例，强调贴合标准，往往导致忽视小城镇居民需求及风貌特质，依照上述标准进行规划建设的小城镇出现了与小城镇不协调的高层住宅，以及类似大城市的居住小区。本指南在调研中发现，在四川省的水磨镇和映秀镇，规划考虑居民需求，适当突破标准，提高人均居住用地面积（人均居住用地面积为50~60平方米），建设效果理想，深受居民欢迎（图4-71、图4-72、表4-4）。因此，在现阶段适当提高人均居住用地面积符合小城镇居民的居住习惯及实际需求，也更利于小城镇特色的实现。

图4-71　四川省水磨镇的居住街坊

图4-72　四川省映秀镇的居住街坊

城镇类型	镇	规划面积（公顷）	规划人均面积（平方米）	占建设用地比例（%）
旅游型	水磨镇	47.92	59.90	28.17
生活服务型	映秀镇	23.61	50.23	32.76

　　本指南以《镇规划标准》GB50188-2007为基础，参考《城市居住区规划设计规范》中低层住宅为主的居住区技术指标，考虑土地的集约利用，界定小城镇人均居住用地的下限为28平方米。考虑土地集约利用与小城镇特有的居住生活方式，建议应适当提高小城镇居住用地占比与人均居住用地面积的上限，居住用地比例以28%~55%为宜（现标准28%~43%），人均居住面积以28~60平方米为宜（现标准28~52平方米），在上述指标中，生活服务型小城镇可适当取高值。

第五节　商业服务

商业服务是小城镇的主要功能之一，与居民生活密切相关，是展现小城镇特色形象的重要窗口。在特色塑造方面需要对商业服务设施的布局进行引导：一是处理好商业布局与城镇空间格局的关系，尤其是与小城镇道路交通的关系；二是突出特色、传承文化，应优化业态构成，以利于展现城镇特色；三是对商业经营加强服务和监督管理，以营造更加宜居宜业的环境。

一、有序布局，规模合理

1. 商业布局因"类"制宜

根据小城镇的城镇性质、区位、规模、空间形态等，对商业的布局予以引导，需重点处理好商业与小城镇道路交通以及居住环境的关系。实地调研中发现85%的小城镇居民喜欢商业与居住分离的安静街区，因此在小城镇商业的布局中应考虑商业对居民居住生活的影响，处理好两者之间的关系（图4-73、图4-74）。

（1）商业街（包含底商）

商业街（包含底商）以服务小城镇生活或旅游功能为主，应结合生活性道路布局，临近生活空间，避免干扰对外交通（图4-75）。

（2）集贸市场[①]

集贸市场应选址合理、贴近生活，内外交通顺畅安全。合理引导"定期集市"，整治经营秩序，原则上不允许在过境公路上摆摊设点，如需占用镇区主干路，应在规划中考虑备用

---

① 《说清小城镇——全国121个小城镇详细调查》一书中提到，调研的小城镇中58%的小城镇拥有定期集市，集市作为传统的商业组成部分，在小城镇发挥着重要作用，一方面承担了物资集散的功能，另一方面给镇村居民提供了谋生、交往、休闲、文化的活力平台。

通行道路。推进马路市场、零散摊户与商业街、集贸市场的协调统筹，逐步引导商户进入商业街、集贸市场内经营（图4-76）。

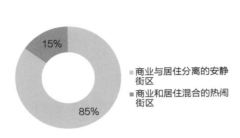

图4-73　小城镇居民喜欢的商居环境调查

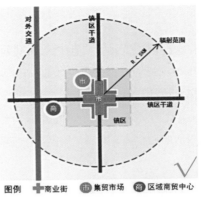

图4-74　不同类型商业的布局模式图

图4-75　商业街建设示例图

图4-76　某镇农贸市场建设示例图

（3）区域商贸中心

区域商贸中心应结合对外交通性道路布局，与生活区域保持一定距离，减少对居民日常生活的干扰（图4-77）。鼓励小城镇的商业布局向街区内部发展，形成商业街区或商业内街。

2. 管控商业店铺，防止无序蔓延

根据小城镇的城镇性质、区位、规模、空间形态等，统筹布局商业用地，适度控制规模，避免全镇都是商铺。

商业用地布局形式可分为线型布局、十字街型布局和鱼骨型布局三种（图4-78~图4-80）。规模适度的商业既能满足居民生活所需，又有利于城镇活力提升。为营造宜居宜业的城

图4-77　某镇农产品交易中心建设示例图

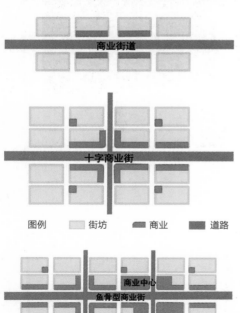

图4-78　线型商业布局示意图
（线型商业布局适用于人口规模在1万人以下的镇，店铺沿商业街呈线状分布，其他道路沿线以居住为主，做到动静分离）

图4-79　十字街型商业布局示意图
（十字街型商业布局适用于人口规模在1~3万人的镇，商铺宜沿两条商业街呈十字分布，其他道路沿线以居住为主。街坊内部可根据需要，分散布置少量商业设施）

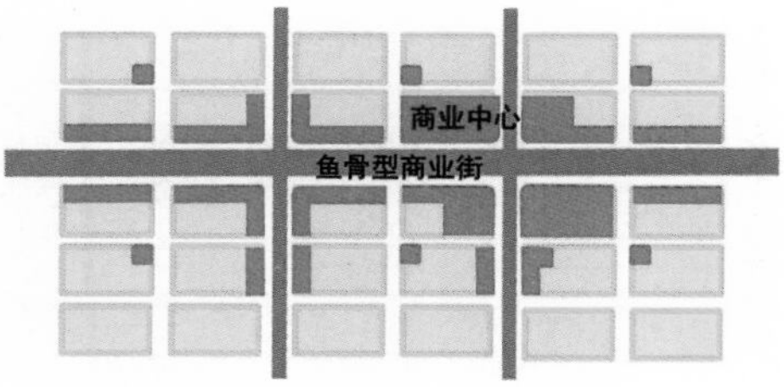

图4-80　鱼骨型商业布局示意图
（鱼骨型商业布局适用于人口规模为3万人以上的镇，在镇区主要道路上布置商业中心，沿街商铺呈鱼骨型分布。鼓励有条件的重点镇、特色小镇建设集商业服务、文化宣传、参观接待等功能于一体的商业中心）

镇环境，应对沿街商业的规模度进行引导控制。应根据具体地段、居民收入水平和消费能力，确定商业规模。旅游型小城镇还要考虑自身的自然生态和环境资源承载力，理性确定商业规模。要重视传统文化与生活方式的延续，正确处理居民、商户、游客之间的关系，尽量保持原汁原味的小镇风貌，防止过度商业化（图4-81~图4-83）。

图4-81 商业综合体和小镇客厅建设示例图
（通过商业综合体和小镇客厅，增强服务功能，展示小镇形象，惠民实用）

图4-82 某镇部分街区商业规模适度
（商业店铺规模适度，并不沿街铺满，创造了宜人的生活氛围）

图4-83 某镇沿街全部是商业
（沿路均是商业，下商上居，商业惨淡经营，居住受商业干扰大，居住环境较差）

二、突出特色，传承文化

小城镇的商业业态应与娱乐消遣、地域特色体验、旅游等活动相结合。

在对小城镇集贸市场的调研中发现，赶集者参加集市活动的行为动机，除了购物以外，还同时具有娱乐消遣、乡村体验等。此外，与旅游相关的赶集动机所占比例也较高，例如欣赏"沿途风景"、体验"古镇"、赶"庙会"等。因此，商业业态除满足居民日常需求外，还应与娱乐消遣、地域特色体验、旅游等活动相结合（图4-84）。

保护传统商业业态。鼓励发展传统手工作坊，销售特色农产品、特色商品，形成独具地域特色的业态形式（图4-85、图4-86）。

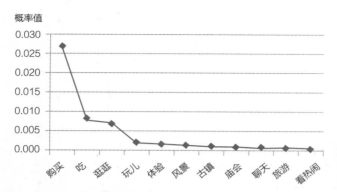

图4-84 赶集者的行为动机调查统计表

图4-85 某镇传统制陶手工艺示例图

图4-86 某镇挑花艺术展示示例图
（集制作、展示、销售于一体的挑花店铺）

三、加强管理，宜居宜业

1. 限制底商商业类别，营造宜居环境

商业行业类型繁多，不同类型的商业活动对环境存在不同程度的干扰。通过调研走访，底商对居民日常生活的干扰，主要有如下几个方面：

一是噪声污染，涉及的商业行业主要有娱乐（如KTV、网吧等）、大排档、汽车修理等；

二是空气污染，涉及的商业行业主要有肉禽销售、水产销售、电气焊接等；

三是水污染，涉及的商业行业主要有洗车、水产销售等。

在居住区集中的区域，限制底商经营具有噪声污染、空气污染、水污染的商业行业类别，例如肉禽、水产、汽车修理、电气焊接等，避免对居住环境造成影响（图4-87、图4-88）。

图4-87　某镇商住环境相得益彰

（居住区内底商商业类别以特色商品销售为主，与居住环境相得益彰）

2. 加强底商牌匾与店前空间的管理

小城镇的底商多沿城镇主要街道布设，底商立面的风格对小城镇风貌影响较大。调研中发现，目前多数小城镇底商的牌匾色彩、大小、悬挂方式缺乏管理。由于商家攀比心理严重，商户设置牌匾往往比大小、比醒目，致使牌匾风格混杂、大小不一，严重影响了小城镇的街道立面风格，故需加强对底商牌匾的管理。

图4-88　某镇底商影响居住环境

（居住区内底商从事肉禽、水产销售，对居住环境造成极大影响）

店铺牌匾的色彩、尺寸、悬挂方式应与所处地段、街道风貌、建筑相协调，并与街巷空间整体风格统一，布置有序。同时也要注意避免"一刀切"，宜在统一中富于变化（图4-89~图4-91）。

小城镇沿街商业的店前空间承担着购物者步行休闲、行人疏散、街景风貌展示等功能，但目前多数小城镇沿街底商的店前空间被侵占，商家利用店前空间乱搭乱建、占路经营，居民占道乱停车，这些行为既破坏了小城镇的风貌，又对交通秩序造成了干扰，也对购物者的安全、舒适性造成了不良影响。

为营造良好的购物氛围，应利用好店前空间，规范店前空间使用，禁止利用店前空间占路经营，更不得随意堆放垃圾、排放污水（图4-92、图4-93）。

图4-89　某镇牌匾风格统一示例图
（牌匾色彩、材质与建筑风格统一）

图4-90　某镇牌匾风格混乱示例图
（牌匾、广告混乱，有碍观瞻）

图4-91　某镇牌匾风格和谐不失变化示例图
（牌匾整齐，统一中又不失变化，该街道既有商业氛围又不嘈杂）

图4-92　有序的店前空间示例图
（沿街底商店前空间管理有序，观光购物环境安全、舒适）

图4-93　无序的店前空间示例图
（底商占路经营，环境不佳）

第六节　公共服务

一、需求导向，完善功能服务

1. 营造"20分钟生活圈①"，满足基本功能配套

实地调研中发现，公共服务设施的配置存在着数量不足、分布不均等问题，在实地调研中分别有10%、24%、29%的受访者表示初中、幼儿园、小学等设施的数量紧张，且在布局上过度集中于县城，增加了居民的教育成本与出行时间（图4-94）。另外很多受访者，尤其是年轻人普遍认为体育场地、健身场地、影剧院、儿童娱乐设施等设施较为缺乏，不能满足生活所需。部分小城镇中，虽然设置了标准较高的文体活动设施，但由于布置得过于分散、封闭，居民的使用率并不高（图4-95）。

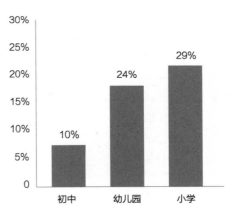

图4-94　镇区内亟需增设的教育设施调查统计

公共服务设施的配套，要与生活圈的划定相结合，要充分尊重居民的出行习惯，合理布局教育、医疗、文体等设施，营造"20分钟生活圈"，实现基本公共服务设施配置的相对公平，以方便居民使用。

以居民需求为导向，完善功能配置，提高服务质量和水平，实现基本公共服务全覆盖（表4-5）。

---

① 《说清小城镇——全国121个小城镇详细调查》中提到，小城镇基本形成了"20分钟生活圈内"，7成以上各类出行的时间花费在20分钟以内。

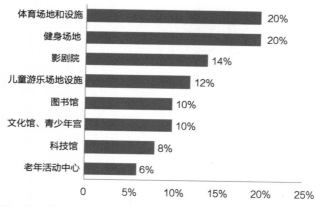

图4-95　镇区内最缺少或应该改善的设施类别调查统计

小城镇基本公共服务设施配置表

表4-5

	公共服务设施项目	服务范围	配套要求	布局要求
基本功能配套	幼儿园	镇区	提升教学质量，保障就近入学； 结合生源、通勤半径等合理布局初中，避免盲目撤并乡镇初中	不得紧邻交通性干路，步行10分钟可达
	小学	镇区为主		不得紧邻交通性干路，步行或自行车10分钟可达
	初中	镇域		步行或自行车20分钟可达
	医院	镇域	提升医院硬件水平和服务质量，提高应急急救能力	不得与学校相邻，与住区留足防护空间
	文化活动中心	镇区为主	根据居民生活习惯、娱乐消遣需求进行项目配套	建议结合绿地广场建设，可考虑与其他设施联合建设
	体育设施	镇区	镇区内设置便于居民使用的体育设施	选址便利可达，方便居民使用，可临近文化活动中心
可选择配置	高中、影剧院、体育场馆、儿童游乐场地、养老院、老年活动中心等	镇域	可根据人口规模、人口年龄结构、经济发展水平酌情配置	养老院应选址于环境好、交通便利的地段

2. 以需求为导向，满足差异化的功能配置

在实地调研中发现，60岁以上的老年人与60岁以下的中青年人在老年活动中心、儿童游乐场地、影剧院、体育场地和设施的需求上存在较大差异。其中60岁以上的老年人更加关注老年活动中心以及体育场地和设施的配置情况（图4-96）。

另外，处于不同经济发展水平的地区，在设施的需求上也不尽相同：在对江苏和安徽的实地调研中就有明显的体现，两地在科技馆、图书馆、影剧院以及体育场地和设施的需求上存在差异较明显。比较而言，经济较发达的江苏省的小城镇对影剧院、体育场地等体育文化

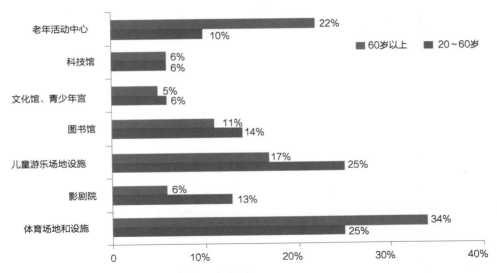

图4-96 不同年龄结构人群对公服设施的需求调查

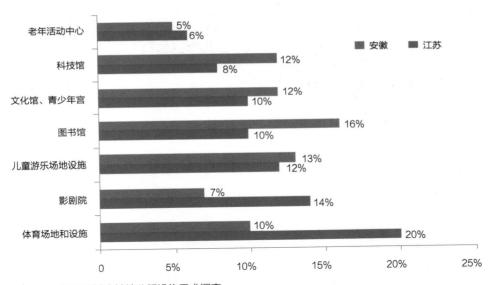

图4-97 不同区域小城镇公服设施需求调查

类设施的需求更大（图4-97）。

因此，在设施配置上应根据人口构成、经济发展水平等的差异，酌情完善功能配置，以实现公共服务与居民需求的有效对接。

应对电子商务的蓬勃发展，积极建设电商物流网点，支持社区物流配送点建设，将其纳入公共服务设施规划。

二、集约高效，布局合理

小城镇的行政办公、文化体育等设施可适度集中设置、联合建设，鼓励建设一站式服务大厅、多功能的文化活动设施，这样既便于居民使用，也可以节约用地。避免出现形象工程与重复建设。

在布局上应尽量接近服务中心，以方便居民使用，提高利用效率（图4-98、图4-99）。

市政设施的布局应从区域层面统筹考虑，综合考虑区位、地域地形差异、人口规模等因素，加强各市政专项规划之间，以及市政专项规划与城镇空间利用规划的衔接，避免设施选

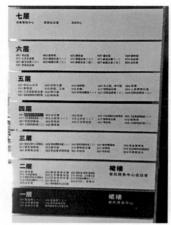

图4-98　某镇一站式政务服务大厅

图4-99　某镇文体活动中心
（中心包括棋牌室、健身房、大型活动室、乒乓球室、舞蹈排练厅、图书阅览室等）

址不当对城镇生活及未来城镇发展的影响（图4-100）。

深入开展垃圾治理，建立符合当地实际的处理模式，各地因地制宜探索治理模式，制定相关技术要求和实施措施。生活垃圾治理及再生资源的收集、转运、处理设施应完备、布局适宜、数量符合要求、运行正常，避免设施选址不当影响居民生活（图4-101、图4-102）。

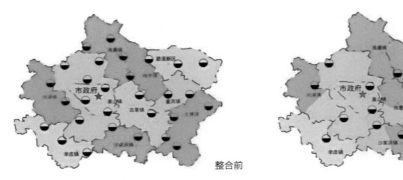

整合前　　　　　　　　　整合后

图4-100　某县污水厂布局图
（某县人口密集，将原来9个镇建设的29座小型污水处理厂整合为11座集中式污水处理厂，采用了纳管收集和分散处理相结合的方式，实现了生活污水治理全覆盖，避免污水厂建得起、转不动的情况出现）

图4-101　与居住区保持适当距离的垃圾处理站

图4-102　便于垃圾分类收集的垃圾箱
（某镇采取垃圾分类和垃圾减量化处理相结合的方式。居民初步将垃圾分为可堆肥垃圾和其他垃圾，其他垃圾中的可回收垃圾和有害垃圾放到指定的垃圾分类点，可降解垃圾运到垃圾减量化处理房集中处理）

第七节　街道空间

街道空间，是小城镇基础交通组织空间，是邻里、亲朋在室外重要的交流、聚会场所，是体现小城镇特色的精华所在。与小城镇气质相符合的街道空间塑造，主要体现在以下几个方面：一是街道尺度要适宜，道路不宜过宽，街巷宽度比适宜，街道风貌协调；二是要优化街道环境设施，扩大停车位供给，完善街道绿化和家具，提高道路的雨水收集与自然净化能力。

一、街道尺度适宜

1. 道路不宜过宽

小城镇的道路不宜过宽，过宽的道路会造成居民过街不便，也会带来土地资源的浪费。在道路断面的设计上应突出实用性，在满足交通通行的前提下，鼓励灵活设置断面。另外，两侧的建筑要合理退线（图4-103~图4-105、表4-6）。

图4-103　实用的道路断面示例图

图4-104　过宽的道路示例图

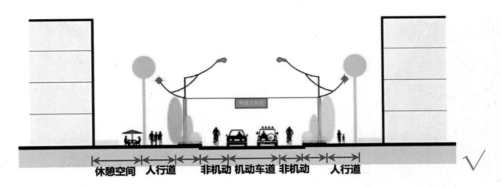

图4-105　较实用的道路断面形式示意图

小城镇道路断面规划技术指标表			表4-6
	生活型干路	支路	巷路
设计时速（km/h）	30	20	—
建议车行道宽度（m）	6~14	6~8	4~6
车行道数量（条）	2~4	2	—

2. 街巷高宽比适宜

鼓励在小城镇中形成空间封闭性较好，空间界定感较强的街道空间。

小城镇街道两侧建筑高度与街道宽度比例即街巷的高宽比应适宜，不同的高宽比给人以不同的心理感受[①]。小城镇街巷高宽比的控制，重在营造尺度适宜的生活空间，避免盲目求宽，造成空旷疏离的生活感受。保持和修复传统街区的街巷空间，新建生活型道路的高宽比宜为1：1至2：1（图4-106、图4-107）。

3. 街道风貌协调

建筑是构成街道空间的一大主体，从构成街巷空间的主要元素辨识沿街建筑，街巷的美便体现在建筑立面上。从整体上考虑，同一区域内的街道立面应和谐统一，建筑的层高、材质、立面各部分的比例划分、开窗方式、细节装饰宜尽量统一，以形成秩序美。店铺牌匾的色彩、大小、悬挂方式应协调，并应与街巷空间整体风格统一、布置有序（图4-108~图4-110）。

建筑的第五立面（即建筑屋顶）的造型直接影响到整栋建筑的形象，继而影响人们的视觉、心理感受，风格统一协调的第五立面有利于塑造连续的街巷空间。小城镇由于规模较

---

① 芦原义信指出："当D/H>1时，随着比值的增大会逐渐产生远离之感，超过2时则产生宽阔之感；当D/H<1时，随着比值的减小会产生接近之感；D/H=1时，高度与宽度之间存在着一种匀称之感，D/H=1是空间性质的一个转折点"。很多传统小城镇的街巷DH往往在1以内，封闭感强，纵长而狭窄的空间有向前的动势，给人以深远感和亲切感。其中D指街道宽度，H指两侧建筑高度。

图4-106　尺度宜人的街道示例图
（街道尺度宜人，居民日常交流频繁，生活气息浓）

图4-107　尺度失衡的街道示例图
（街巷尺度失衡，高宽比约为1：4，街道亲和感全无。过宽的道路也造成了居民过街交通的不便）

图4-108　风貌协调的街道示例图
（色彩、材质、层高统一，开窗方式、细节装饰协调，街道空间有序）

图4-109　风貌杂乱的街道示例图
（建筑高度、屋顶样式等差异大，建筑立面、细节装饰等杂乱无章）

小，更容易实现屋顶形式的整体控制，形成风格统一的第五立面，达到整体协调的视觉效果（图4-111、图4-112）。

图4-110 沿街立面整治示例图

（某镇沿街立面整治后，牌匾色彩、大小、悬挂方式协调）

图4-111 第五立面统一的示例图

图4-112 第五立面杂乱的示例图

二、优化环境设施

1. 扩大停车位供给，规范设置停车位

结合小城镇日常停车需求合理设置停车场，考虑节日活动、春节返乡、旅游等高峰停车需求，提出弹性停车方案。

停车场的布局应结合集贸市场、公园广场、旅游景点等人流密集点设置。有过境交通停车需求的小城镇，应在镇区边缘设置过境车停车场。

规范停车，扩大停车位供给，可以结合街巷空间设置路边停车带，结合道路断面的优化设置路边停车场。例如可以利用道路上的绿化空间灵活布局机动车、非机动车的停靠区，在提升绿化环境的同时提高了停车效率，规范了街道空间，有助于解决乱停车的问题（图4-113、图4-114）。

图4-113 结合绿化设置停车位的示意图
（利用行道树之间的空间，灵活布局停车位）

图4-114 结合人行道设置停车位的示例图
（商业街上在保证充足的步行空间的前提下，结合行道树设置非机动车停车位）

2. 完善街道绿化及街道家具，方便使用

应注重道路两侧绿化的配置和树种的选择。可以利用行道树优化街道环境，提升行人体验，丰富街道景观。例如图4-115所示的小镇，道路两侧高大优美的行道树既遮阳又美观，与设计精美的建筑一起构成宜人的街道空间（图4-116）。

图4-115 恰当的街道绿化示例图

图4-116 美观实用的街道家具示例图

在适当地段增加街道小品、街道家具、花卉盆栽、休闲座椅等元素，适当融入文化元素，提升环境品质。景观小品的设计要考虑功能性，尤其是公共景观小品的设计应满足不同人群的需求，体现人文关怀。景观小品的设计还应追求独特的个性和对地方传统的传承，通过吸收当地艺术符号，运用当地的材料和制作工艺，使景观小品能够反映区域环境的历史文化和时代特色。

结合人流分布，可以利用建筑退后道路红线的退界空间设置小广场、休闲长廊、茶座等供居民使用，创造游憩、交往空间（图4-117、图4-118）。

3. 提高道路的雨水收集与自然净化能力

道路设计中应遵循低冲击开发的设计理念，提高道路的雨水收集效率与净化能力，兼顾

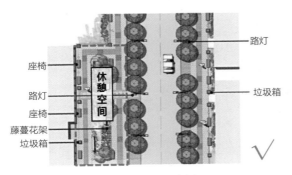

图4-117 结合建筑退界设置休憩空间

图4-118 某镇结合道路退线空间布设休憩设施
（道路一侧做适当退界，布置休闲茶座，供居民休憩）

生态景观效果与生态效益。

　　在道路材料上，人行道宜采用透水铺装，非机动车道和机动车道可采用透水沥青路面或透水水泥混凝土路面。沿路设置下沉式绿地（图4-119、图4-120）。

　　优化道路横坡坡向、路面与道路绿化带及周边绿地的竖向关系等，通过植被浅沟、渗水边沟、雨水管渠等收集和净化雨水（图4-121、图4-122）。

图4-119 透水沥青车行道路面及集水绿地

图4-120 透水铺装人行道路面及集水绿地

图4-121 植被浅沟

图4-122 渗水边沟

第八节　建筑风貌

　　建筑是构成小城镇风貌的基本单元和主体，对城镇风貌影响很大。为更好地指导小城镇特色规划建设，在具体操作上应区分对待现有传统建筑及新建建筑。对于传统建筑，要加强保护与利用：一是要对体现城镇文化、展现地域特色风貌的建筑加以保护；二是要改善传统建筑的硬件设施，提高舒适度；三是多元利用现有传统建筑，以用促保。对于新建建筑，要体量适中，尺度协调，尤其是公共建筑、商业建筑的尺度要与相邻建筑协调。注重本土传承和特色创新，传承与创新建筑形式，要在门窗、屋顶、腰线、装饰物等建筑细部体现地方特色，提取当地标志性色彩。

一、加强整体风貌引导

　　整体风貌展现的是城镇的风采、气质和特色，应控制和引导小城镇的整体风貌与自然环境风貌相得益彰、与城镇历史环境风貌协调一致。

1. 延续传统风貌

　　保护小城镇传统格局、历史风貌，统筹小城镇建筑布局，协调景观风貌，体现地域特征、民族特色和时代风貌。

　　对镇区整体建筑色彩、体量、材质等方面进行整体建设指引。

　　风景名胜区内小城镇的建设活动应符合风景名胜区规划确定的控制性指标要求，与风景名胜区的景观风貌和历史人文特征相协调（图4-123、图4-124）。

图4-123　建筑形式、色彩统一的示例图
（某镇建筑均是白墙黑瓦，双坡屋顶，高度样式统一）

图4-124　建筑形式、色彩协调的示例图
（某镇建筑统一采用现代形式，白墙、灰色坡屋顶，建设色彩统一）

2. 风貌和谐统一

对镇区传统风貌区、风貌协调区、新镇区分别提出建设指引，确保各区之间的风貌协调。

（1）传统风貌区

一般来说，整体格局较好、传统建筑保存较完整、历史遗存较多的老镇区，或城镇建筑多为具有地域文化特色、民族特色的传统风貌建筑的区域，称之为传统风貌区。传统风貌区应进行严格保护控制，区域内的城镇建设以保护性修复建设为主，新建建筑应尽量采用传统材料、传统建筑形式，传承传统风貌、凸显城镇历史文化、展现地域特色（图4-125、图4-126）。

（2）风貌协调区

新老建设夹杂、传统特色逐渐凋零、新建建筑逐渐增多的区域，或者紧邻传统风貌区域，以新建建筑为主的城镇片区，可称之为风貌协调区。风貌协调区，应尽量延续地方传统建筑特色风貌，寻求整体建筑色彩、建筑高度的和谐统一，在不影响整体风貌统一的基础上，可在建筑形式上兼有传统风貌区与新城风貌区的特征，进行适度创新，实现新老区域的协调过渡（图4-127）。

（3）新镇区

新镇区指距离传统风貌区有一定距离，或者与老镇区之间有自然山体、水体相隔的城镇建设区域。该区域在建设上可进行适度创新，但不能破坏整体风貌的和谐统一（图4-128）。

图4-125　保护较好的传统风貌区域示例图（图片来源：《第一批中国特色小镇案例集》，中华人民共和国住房和城乡建设部）

图4-126　缺乏引导和保护的传统风貌区域示例图
（新建筑杂乱无章，缺少对传统材料、传统建筑形式的传承）

图4-127 新老镇区风貌协调过渡的示例图

（传统风貌区内为徽派建筑，灰（白）墙灰瓦、马头墙，协调区的城镇建设延续传统建筑风格，在建筑色彩、建筑高度上加以变化，新老区域风格协调）

图4-128 某镇城镇整体风貌

二、传统风貌建筑的保护与利用

对于传统风貌建筑①的保护与利用，不仅仅是在小城镇更新中继续发挥老旧建筑价值的

---

① 传统风貌建筑是指具有一定保护价值，能够反映历史风貌和地方特色，未公布为历史建筑和文物保护单位，也未登记为不可移动文物的建筑物、构筑物。

需要，更是留住小城镇的"根"、延续小城镇历史文脉的需要。

1. 保护传统风貌街区与建筑，承载历史与文化

传统风貌建筑应按照保护要求进行修缮、迁移或重建，遵守不改变传统风貌的原则进行整治，对于不当修缮或现代化构件应予以剔除和更换。

对能够体现城镇文化、展现地域特色、民族特色的传统风貌建筑进行历史建筑的申报工作，予以登记挂牌，给予重点保护（图4-129、图4-130）。

2. 提高传统居住建筑的舒适度和公共建筑的有效利用率

通过现代化的改水、改电、改厨、改厕等方式，实现对现有传统风貌建筑基础设施的改善提升，提高居住建筑的舒适度、提升公共建筑的利用效率（图4-131、图4-132）。

3. 多元利用现有传统建筑，以用促保

鼓励"以用促保"，鼓励采用多种形式利用传统风貌建筑，对传统风貌区加强保护与利用（图4-133~图4-136）。

图4-129　某镇历史街区保护完好
（已有几百年历史的街道保护较好，完整地保存着20世纪30年代时期的面貌）

图4-130　某镇传统建筑遭到破坏
（镇区内的传统风貌建筑未得到有效保护与利用，逐渐破败荒废）

图4-131　完善上下水，改厕

图4-132　完善上下水和燃气设施，改厨

图4-133　由传统民居改造为民宿

图4-134　由传统民居改造成的戏曲展示空间（郭海鞍　摄）

图4-135　由废弃的砖厂改造而来的砖窑文化馆（郭海鞍　摄）

图4-136 在原有民居基础上进行改扩建而成的酒店（郭海鞍 摄）

三、新建建筑的传承与创新

鼓励引入高水平建筑设计。传承与创新建筑形式，风格、色彩、材质等应传承传统风貌，满足现代使用需求。严禁建设"大、洋、怪"的建筑。

1. 体量适中，尺度协调

文化活动站、体育场、医院、中小学等公共建筑，在整个镇的风貌塑造方面具有举足轻重的引导作用。公共建筑体量应与镇区总体规模相统一，大型公共建筑可采用化整为零的方式取得与相邻建筑尺度协调的效果（图4-137）。

小城镇中的商业建筑应考虑商业业态和顾客的消费习惯，层数不宜高于3层。沿街店面以较低高度、较小面宽为宜，面宽以不超过8米为宜，尽量丰富商业业态，保持街区商业活力（图4-138）。

2. 本土传承，特色创新

（1）传承与创新建筑形式

继承和发扬传统建筑文化不能仅停留于形式的模仿上，而是要通过现代建筑技术、建筑材料的应用，使建筑能在体现和传承传统文化、地域精神的基础上，满足现代使用需求（图4-139、图4-140）。

（2）注意建筑细部设计

建筑细部在体现地域性、展示传统文化方面具有重要作用。在不断接受外来文化、新技术影响的现代建设中，应在建筑细部中，如屋顶、门窗、腰线、地脚线、墙角等的设计中加强传统建筑手法、技艺、材质及符号的应用，传承传统文化，体现本土特色（图4-141、图4-142）。

图4-137　某镇艺术中心建筑尺度解析示意图
（将总建筑面积为2.5万平方米的大型公共建筑拆分为若干个建筑单体，其尺度与现状相邻建筑相协调）

图4-138 店面尺度适宜的商业街示例图

图4-139 某镇传承当地传统建筑风貌
（该镇以民国海派文化为切入点，新建建筑传承民国建筑风格，在色彩、材质、形式上与传统建筑一脉相承，在结构、内部功能上进行改良，能够满足现代使用需求）

（3）提取本地标志性色彩

新建单体建筑的色彩选择应从城镇整体
环境、形象出发，提取当地的标志性色彩，
单体建筑色彩的变化范围应该在一定的区间
内，形成统一中存在微差的整体色彩效果，
既统一而又不单调（图4-143）。

（4）鼓励采用本土建筑材料

鼓励就地取材，选用本土建筑材料，运用
现代建造技艺，使建筑与自然环境相融合，实
现乡土气息与现代感的结合，既传承地方特
色，又满足现实需求（图4-144、图4-145）。

图4-140　某镇新建建筑与传统建筑一脉相承
（新建建筑在色彩、材质、形式上与传统建筑一脉
相承，建筑构件、屋顶样式采用传统形式）

图4-141　某少数民族聚居区内的新建建筑
（白石、片石装饰勾勒的屋顶、立面上白石灰
做成的装饰图案、羌族特有装饰图案的窗户，
均是传统民族特色风格的延续）

图4-142　某镇的仿欧式建筑
（该建筑生硬套用欧式柱式、穹顶、窗套、细部纹理造型
等，完全未考虑本土特色）

图4-143　某镇的传统建筑与新建政府办公楼①
（该办公楼提取当地民居主要色彩：白色、原木色，白墙黛瓦，既体现水乡小镇风貌，也营造了开放亲民的政
府形象）

① 资料来源：张斌，周蔚. 风物之间，内化的江南 上海青浦练塘镇政府办公楼设计策略分析[J]. 时代建
筑，2010.5.

图4-144　某镇建筑采用当地乡土石材
（将当地材料和元素最大程度地运用到了设计中，采用了当地资源丰富的白色石灰沉积岩和卵石，极富创意地演绎乡土建造技术）

图4-145　某镇建筑贴面毫无特色
（低水平的设计，砖混结构、白瓷砖贴面、红色小瓦屋顶、程式化的建筑形式，毫无特色可言）

第九节　绿地广场

绿地广场是展现小城镇形象和文化、承载居民生活交往的重要空间载体。小城镇绿地广场的规划建设，要布局灵活、方便可达，要尺度适宜、多元利用，要就地取材、进行生态建设，要建设体现地域和文化特色的开敞空间，为非物质文化提供展示与传承的空间载体。

一、布局灵活，方便可达

小城镇的绿地广场主要为居民提供游憩休闲场所，绿地广场在布局上应以方便居民使用为首要考虑因素，应根据自身条件灵活安排，无须套用城市的布局要求。

小城镇的绿地广场在居民日常生活中占据重要地位，在对小城镇居民的调查访谈中发现，约86%的居民经常使用镇区内的绿地广场；另外，街头巷尾的小型绿地广场是最受居民喜爱的交流空间，约有41%的居民表示经常使用街头巷尾的小型绿地广场。由此可见小城镇的绿地广场不一定要拘泥于场地大小，只要位置适宜、方便使用，就是能够满足需要的、受欢迎的、实用的（图4-146）。

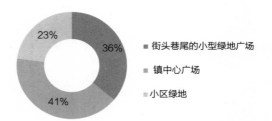

图4-146　小城镇居民日常交流活动场所统计

绿地以建设贴近生活、贴近工作的街头绿地为主，营造易于居民交往的空间。因地制宜安排不同尺度的公园、街头绿地、广场等，公园绿地和广场应与步行道直接相连，以便于居民到达使用。服务半径宜为150~300米，确保居民步行5分钟能够到达。严禁建设不便民、造价高、图形象的大广场、大公园、人工大水面、大草坪等。

具备条件的小城镇可以根据需要编制绿地系统规划，优化小城镇绿地布局，均衡布局公园绿地，完善绿地在居民休憩、健身、防灾避险等方面的服务功能（图4-147、图4-148）。

利用镇边、山边、路边、水边、宅前、树下、桥边桥下、街头巷尾等布局小型绿地，可选择性地采用微花园、微菜园、微果园等形式，营造出门见绿的宜居环境。

鼓励通过破硬复绿、见缝补绿、拆墙透绿等方式拓展绿色空间（图4-149、图4-150）。

鼓励绿地广场与慢行系统结合，结合道路建设带状绿地广场、构建绿道系统，满足居民休闲、健身、娱乐等多种需求。充分利用滨水空间，提供通往水边的步行通道，结合滨水空间建设慢行区域，在滨水区域建设连续的慢行通道（图4-151）。

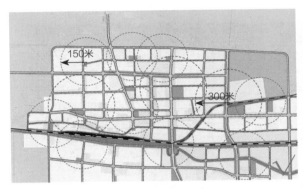

图4-147　公共绿地灵活布局示例图
（该镇的公共绿地形式多样，布局灵活，贴近居民生产和生活）

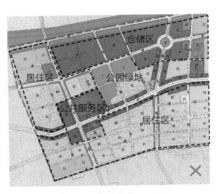

图4-148　公共绿地布局过于集中示例图
（某镇公共绿地过于集中，布局紧邻公共服务区和仓储区，远离居民，不便于居民使用）

图4-149　利用树下、水边布局的亲水活动空间

图4-150　小河边、大树下设置的活动场地

图4-151　结合慢行通道设计的绿地

二、尺度适宜，多元利用

提倡建设节约型绿地，规划建设尺度适宜的公园广场，严格控制大草坪、大广场、水景喷泉等形象工程，单个广场用地不宜超过1公顷。

鼓励建设满足居民休闲、交流、健身、举办活动、科普等多元需求的功能复合型绿地广场空间，通过布置儿童游乐、健身、座椅看台等设施丰富各类绿地广场的功能（图4-152~图4-154）。

图4-152　某镇的功能复合型滨水空间（图片来源：《第一批中国特色小镇案例集》，中华人民共和国住房和城乡建设部）

（某镇滨河建设连续的绿地和广场，包含观景台、码头、休憩交流等多种功能）

图4-153 功能复合的绿地示例图

（设置漫步林荫路、运动健身设施、儿童游乐设施，满足居民多样的休闲需求）

图4-154 某镇广场尺度过大、功能单一

三、就地取材，生态建设

推广应用乡土、适生植物，植物配置注重乔灌草合理搭配，营造有地域特色的植物景观，降低种植与维护成本（图4-155、图4-156）。

在景观小品、路面铺装、环境设施等的设计和建造上尽量就地取材，彰显地域特色。道路广场的铺装材料应充分选用当地建筑材料，如鹅卵石、青石板等（图4-157）。

广场及绿地的建设宜遵循低冲击开发的设计理念，减少硬质铺装面积，选用透水材料，灵活设置集水绿地、蓄水池、生态植草沟等低影响开发设施。鼓励采用生态驳岸打造河岸系统，避免完全渠化的工程驳岸（图4-158~图4-163）。

图4-155 某镇以山桃花为地域特色景观

（春季漫山遍野的山桃花成为具有地域代表性的特色景观）

图4-156 某镇引进的外来树种长势差

（引进南方的香樟树，树木大量枯萎，且维护费用高，难以达到理想的景观效果）

图4-157　某镇境建设充分利用乡土建材

（广场、园路、广场的铺装选用本地石材，街道家具小品等多用本地竹材建造，绿色环保，又彰显地方特色）

图4-158　集水绿地

图4-159　生物滞留设施

图4-160　植物种植池

图4-161　雨水花园

图4-162　植被缓冲带

图4-163　生态驳岸

四、建设体现本土文化的节点空间

1. 入口空间应具有地域标识性

镇区的入口空间设计应充分挖掘当地具有代表性的历史和景观元素，并提炼成可以运用到现代景观设计中的标识性形象符号（图4-164）。

图4-164　带有本地特色产业元素的入口标志物

2. 开敞空间应结合自然和人文资源建设

镇区中心、重要公共建筑入口等开敞空间设计应遵循自然、朴素、灵活的设计原则，利用水、塘、树、桥、井、塔、庙阁、传统民居等自然和人文资源，注入文化内涵，建设体现乡土特色的标志性景观节点（图4-165~图4-167）。

结合绿地广场建设开敞空间，为地方特色文化提供展示与传承的空间场所。可以依托文物古迹、传统民居、古桥庙阁等历史空间开拓活动场所，打造居民文化生活的核心节点（图4-168）。

图4-165　镇区中心景观
（镇区中心的开敞空间设计充分体现本土"风水塘"的景观特色）

图4-166　镇区中心的雕塑
（某镇中心广场设置了体现本土历史文化的雕塑）

图4-167　镇区广场上的标志物
（某镇结合镇区的谯楼，建设文化广场）

图4-168　各地能够进行民俗表演的小广场

第十节　园区建设

小城镇的产业选择要合理且有特色，园区①布局应统筹集约，园区建设应紧凑美观。小城镇的产业园区建设也是小城镇特色塑造的重要环节。

一、产业选择合理有特色

小城镇产业选择要量力而行、突出特色，做到"小而精，特而优"。

要找准特色，做精做优。通过对文化、资源等特色的挖掘，打造产业特色，避免雷同发展，盲目竞争。

要绿色发展，创新驱动。要严格限制产业准入门槛，实现绿色生产。营造创业创新环境，灵活运用"互联网+"等思维，鼓励产学研互动和科学技术创新，保持发展活力。

要叠加文化，丰富内涵。要将历史、文化、民俗等有机叠加到产业发展中，发挥文化生产力。

1. 从区域层面合理定位

从区域层面统筹考虑小城镇的资源禀赋、产业基础、市场环境和区位条件，将最有潜力、最有优势的特色产业确定为小城镇的主导产业，宜农则农、宜工则工、宜商则商、宜游则游。避免百镇一业、同质竞争。

鼓励镇村联动发展，通过产业发展带动农村经济发展（图4-169）。

---

① 该章节中的园区主要指的是以工业生产、物流为主的产业园区。

资源整合
温泉小镇的资源利用

历史文化
钧瓷小镇的文化再挖掘

地域文化
茶香小镇的茶文化体验

（某镇依托山水和温泉等特色风景资源，大力发展旅游、休闲、养老产业）

（某镇依托陶瓷文化，进行历史文化再挖掘，建设集文化创意、体验、休闲度假于一体的钧瓷主题小镇）

（某镇利用茶景观和茶文化资源，以镇带村，联动发展集观光、休闲、旅游为一体的产业形态）

图4-169　从区域层面合理定位产业

2. 新培育的产业要具有生命力

　　坚持市场主导、绿色低碳、可持续发展的原则，导入的新兴产业和承接的转移产业应具有生命力，提供更多的就业机会，使小城镇成为人才、产业、要素集聚的中心。新兴产业的培育要积极承接大城市的产业转移，集聚高端人才、先进技术和社会投资等要素，打造一批大众创业、万众创新的平台和载体。避免引入高污染、破坏生态环境的企业。

　　政府应为产业发展提供良好的服务环境。

　　注重培育本地人才，鼓励外出务工人员返乡创业。培训一批熟练掌握相关技能的产业工人（图4-170、图4-171）。

3. 改造升级传统产业

　　充分运用"互联网+"、"旅游+"、"文化+"等新兴手段改造提升传统产业，拓展产业价值链（图4-172）。

图4-170　某镇聚焦的新兴产业领域
（某镇通过制定产业引入和培育政策，聚焦生物医疗、VR和AR技术、新材料、新能源、文化创意等新兴产业，构筑双创全产业链，吸纳高校毕业生来镇创业工作）

图4-171　某镇搭建金融孵化平台
（某镇在政策支持、信息共享、配套设施和服务等方面搭建金融孵化平台，吸引各类基金及相关金融机构入驻，构建基金产业集聚区）

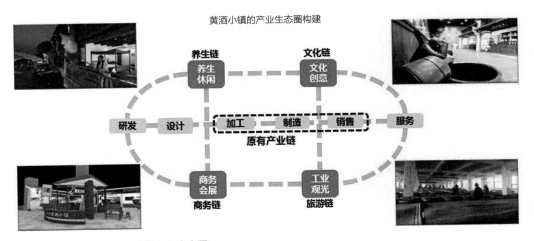

图4-172　某镇构筑的多功能产业生态圈

（该镇在黄酒酿造的传统产业基础上，促进产业链向黄酒产品研发、包装设计、营销推广、售后服务、游览体验等环节延伸，形成集养生休闲、文化创意、商务会展、工业观光于一体的产业生态圈）

二、园区布局统筹集约

1. 全域统筹，合理布局

从县（区）域层面统筹安排产业用地和空间布局，引导产业适度集聚，产业用地布局要与镇区建设用地布局相结合，避免各乡镇的工业项目"遍地开花"。

有条件发展产业的镇要根据产业规模预留发展用地，避免来了企业无地可用（图4-173）。

2. 加强闲置产业用地整理

对已有的零散产业用地安排环境整治，尤其需要对生活、交通、环境造成影响的小型工业企业等（包括工居混杂布局、沿交通线零散布局、镇域内零散分布的小型工业企业）进行整理，根据企业三废的污染排放情况制定相应的搬迁时序安排及搬迁政策。

加强对闲置产业用地的整理，根据实际情况进行功能置换（图4-174、图4-175）。

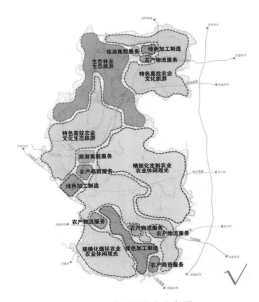

图4-173　某县统筹安排各镇的产业布局

（对有条件发展工业的镇安排工业用地，不适宜发展工业的镇发展生态农林业及相关产业）

图4-174　某镇的工业区
（规模工业集中入园，提高了土地利用效率）

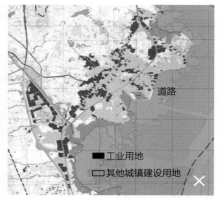

道路

■ 工业用地
□ 其他城镇建设用地

图4-175　某镇企业布局分散的示例图
（企业零散分布在省道及道路两侧，对镇区
内部交通及居民出行造成较大影响）

三、园区建设紧凑美观

1. 提高建设强度，集约土地利用

不宜将工业园区作为小城镇现代化标志进行打造，避免造成土地和资金的浪费。

提高园区土地开发建设强度，在控规层面对用地指标进行控制，设定容积率下限、建筑密度下限和绿地率上限，加强地上地下空间的综合利用。

提高工业用地的土地开发建设强度，容积率不宜低于1.0，化工等有特殊行业标准要求的容积率按行业标准执行。建筑密度不低于30%，绿地率不宜超过10%。控制园区内部绿化景观用地比例，鼓励企业在园区外共享公共绿地（图4-176、图4-177）。

控制园区内部道路宽度，园区道路以满足生产运输功能为主，断面形式宜为一块板，红线宽度不宜超过20米（图4-178、图4-179）。

图4-176　某镇工业园区高效集约利用土地
（园区采用多层厂房，布局紧凑，土地利用效率高）

闲置土地

图4-177　某镇工业园区布局松散
（园区内布置大面积绿地，厂房布局松散，集约化
程度低，造成土地资源浪费）

2. 提高建设标准，协调建设风貌

厂房建设宜规整有序，协调统一，建筑色彩宜以淡雅色调为主。鼓励以政府投资、企业投资等多种方式统一建设标准化厂房。在保证安全生产的前提下，鼓励引导建设开发多层厂房，以提高土地利用效率（图4-180、图4-181）。

图4-178　宽度适宜的园区道路
（严格控制园区道路宽度，主干路采用一块板，红线宽度控制在20米以内）

图4-179　过宽的园区道路
（园区的主干路过宽，红线宽度超过40米，道路利用率低）

图4-180　某镇工业园区标准化多层厂房

图4-181　某镇工业园区建筑风貌协调统一
（园区建设紧凑协调，风貌注重了色彩、建筑形式、屋顶立面等的协调统一）

附录一
规划案例研究

一、规划案例样本情况统计

本书选取的规划案例分布于全国各地区，数量较多，覆盖了我国小城镇的各种类型，能够反映我国现阶段小城镇的规划编制情况，其规划编制内容在小城镇特色塑造上存在的很多共性问题具有普遍性和代表意义。

（一）基本概况

1. 地域分布

1）地理位置_____：

A. 东北　B. 华北　C. 华中　D. 华东　E. 华南　F. 西南　G. 西北

案例样本在东北、华北、华中、华东、华南、西南、西北各地域均有分布，能够代表我国小城镇的一般情况。其中在城镇分布较为密集的华东地区选取的案例相对较多。

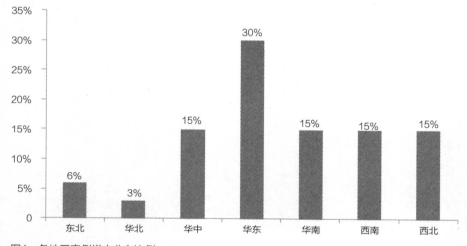

图1　各地区案例样本分布比例

2）不同级别类型的风景区对周边小城镇在产业发展、风貌塑造上往往存在一定的影响，首先判断小城镇是否邻近风景区，继而分析规划中对此有无考虑。

是否邻近以下类型景区（景点）_____：

A. 是，邻近的是以下____类，为____，距离____公里　B. 否

A. 5A级景区　B. 4A级景区　C. 3A级景区　D. 国家级风景名胜区

E. 省级风景名胜区

案例样本中有过半数的小城镇邻近景区，其中17%的小城镇邻近5A级景区，20%的小城镇邻近国家级风景名胜区，由此可见很多小城镇有较为优越的自然人文资源。

3）交通条件

镇区周边及内部的重要交通设施（选择）_____：

A．高速公路出入口　B．国道

C．省道　D．机场，距离蚌埠新机场15千米

E．火车站点、前场站、货站　F．高铁、动车站　G．港口、码头　H．其他

58%的小城镇周边有高速公路出入口，82%的小城镇周边有国道或者省道。另外约8%的小城镇交通区位优势显著，在镇区周边或内部有六种交通设施。同样也有8%的小城镇交通条件落后，仅有一种交通设施可以与外界联通。

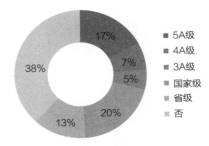

图2　案例样本周边景区情况统计

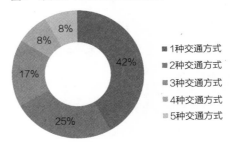

图3　案例样本交通情况统计

2. 地形地貌

小城镇所处的地形条件主要为平原、山地、丘陵、盆地、海岸、高原等，与我国人口分布情况基本吻合。

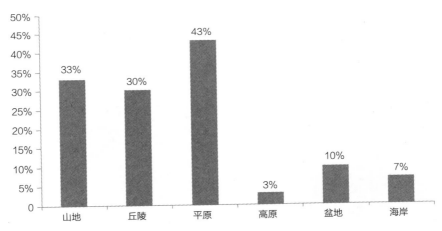

图4　案例样本小城镇的地形条件分布

3. 城镇类型

本书将城镇分为10大类（城郊的卫星镇、工业主导型、商贸带动型、交通枢纽型、工矿依托型、旅游服务型、区域中心型、边界发展性、移民建镇型、历史文化古镇）。案例样本在十种类型中的分布情况如下表。

4. 民族构成

是否为少数民族地区＿＿＿＿＿＿＿：

A．是，其中人口最多的两大民族：＿＿＿＿＿＿＿族，占比＿＿＿＿＿＿＿%；＿＿＿＿＿＿＿族，占比＿＿＿＿＿＿＿%。B．否

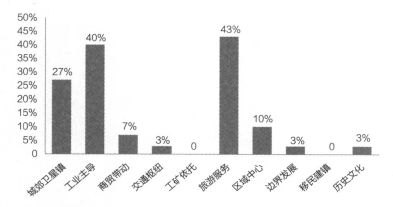

图5　案例样本的城镇类型分布

案例样本中约有19%的小城镇地处少数民族地区，另外81%的小城镇以汉族为主。这一分布情况与样本案例的分布区域一致，少数民族为主的小城镇主要分布在西北部地区。

（二）规划内容

5. 人口与用地规模

分析与调研的小城镇规划镇区人口规模在0.6~10万人区间内，其中，1万人以下、1~2万人均占样本的12%，2~5万人的占样本的41%，5~10万人的占样本的35%。

很多小城镇规划预测的城镇化率增长过快，有些小城镇预测规划期末（2030年）的城镇化率比现状增长3倍，河南省某镇现状2010年城镇化率为11%，在外部发展环境没有较明显改变的情况下，规划预测期末城镇化率达到45%，导致镇区建设用地规模扩张过快过大。

镇区建设用地拓展模式：

A. 旧镇区改造型　B. 外延型　C. 飞地型

D. 外延型与飞地型，两者兼有

与高速增长的城镇化率相对应的是较快的用地增长，60%的小城镇是外延型的拓展方式，建设用地急速向外扩张。

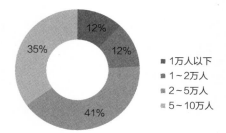

图6　案例样本镇城镇人口规模分布

- 1万人以下
- 1~2万人
- 2~5万人
- 5~10万人

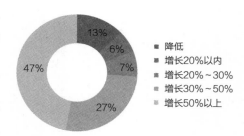

图7　案例样本的城镇化率增长情况

- 降低
- 增长20%以内
- 增长20%~30%
- 增长30%~50%
- 增长50%以上

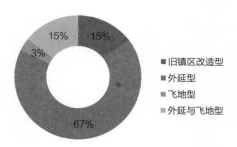

图8　案例样本的镇区建设用地拓展模式统计

- 旧镇区改造型
- 外延型
- 飞地型
- 外延与飞地型

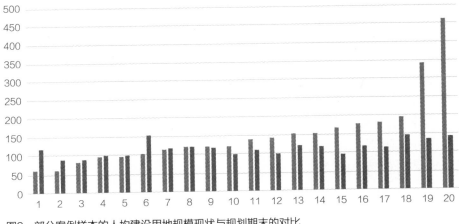

图9　部分案例样本的人均建设用地规模现状与规划期末的对比

人均现状建设用地指标各个城镇差距较大，最高的如河南某镇人均建设用地达到462.5平方米/人，最低的如江苏省无锡市惠山区洛社镇人均建设用地仅有59.6平方米/人。

至规划期末，小城镇人均建设用地均按照现行《镇规划标准》GB50188–2007，控制在140平方米/人内。

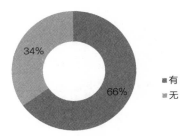

图10　案例样本对城镇风貌定位的统计

6. 风貌定位：_____

A. 无　B. 有

34%的小城镇在规划中未对城镇的风貌进行定位，由此可见这一类小城镇对于自身的历史底蕴、文化内涵、山水环境资源把握不足，规划中无清晰界定，整体风貌特色的塑造也就无据可依。

7. 历史特色及规划建设方面的传承

1）建制年代：_____，有无历史特色：_____

A. 有，可概括为_____。　B. 无

2）规划设计中是否考虑了本土建造技艺或建造材料传承_____

A. 是　B. 否

54%的小城镇颇具历史底蕴、特色突出，如李白

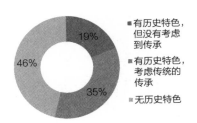

图11　案例样本对本土建造技艺或建造材料传承的统计

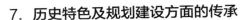

故里四川省青莲镇，古荆州腹地、楚文化（屈原文化）的故乡湖南省营田镇，八闽重镇之一、有海滨邹鲁之称的福建省灌口镇。但在后续规划中，仅有35%的小城镇考虑了在规划设计及建筑设计上传承文化、使用本土建材。

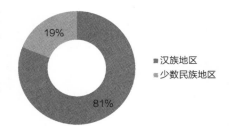

图12　案例样本民族情况统计

8. 规划对生态环境的保护情况：

A. 提出了保护原则，无具体措施　B. 有保护要求与措施　C. 无相关内容

绝大部分小城镇重视生态环境保护，只有7%的小城镇没有提到相关内容。

9. 规划对传统风貌建筑的保护情况：

A. 提出了保护原则，无具体措施　B. 有保护要求与措施　C. 无相关内容

传统风貌建筑对于小城镇特色的体现有着重要意义，是展示小城镇历史文化底蕴的重要方面，但仍有26%的小城镇没有提到相关内容。

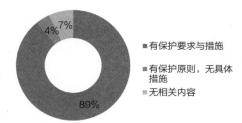

图13　案例样本生态环境保护情况统计

10. 规划是否对镇区范围内的农村居民点用地上的自建房提出引导：

A. 对居民自建住宅提出建设引导与管控，但无具体措施

B. 未对居民自建住宅提出建设引导与管控

89%的小城镇未对居民自建住宅提出建设引导与管控，这也使得占小城镇建设主体的居民自建房建设无据可依。

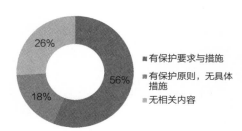

图14　案例样本传统风貌建筑保护情况统计

11. 规划中是否存在削丘填湖、伐木砍绿的现象：

A. 存在　B. 不存在

伴随小城镇建设用地规模的扩张，小城镇在外拓展过程中不断侵占生态空间，26%的小城镇存在削丘填湖、伐木砍绿的现象。

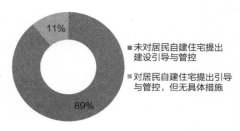

图15　案例样本对居民自建房的引导情况统计

12．规划中是否保留了城镇生态空间与视线通廊：_____，若有是否留足：_____。

A．是 B．否

很多小城镇在镇区外围有很多优势景观资源，如山、标志性建（构）筑物等，另外还有一些有水系河道在镇区穿越，这部分空间是小城镇的灵动之处，既为居民提供了景观上的享受，也提供了良好生态效用。

13．规划道路间距，干路与干路之间间距为：_____，支路与支路之间间距为：_____。

A．≤150米 B．150~250米 C．250~350米

D．350~500米 E．500~800米 F．>800米

有无巷路：_____，巷路之间间距为：_____。

A．≤80米   B．80~120米

C．120~200米 D．>200米

小城镇规划的道路间距较大，巷路缺乏规划指引。干路间距在500米以上的占41%，支路间距在250米以上的占52%，无巷路的规划占了74%，有巷路的小城镇中巷路间距也普遍偏大，都在80米以上。

14．规划的新建区域的街坊尺度大致在_____公顷。

A．1~3公顷   B．3~5公顷

C．5~10公顷   D．10~15公顷

规划新建区域的街坊尺度普遍偏大，5~10公顷的占到了41%。

15．规划广场数量：_____个，其中最大的广场面积为_____公顷，位置在（选择）：_____。

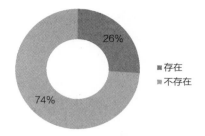

图16　案例样本削丘填湖、伐木砍绿的现象统计

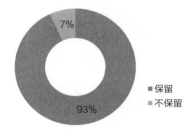

图17　案例样本生态空间与视线通廊保留情况统计

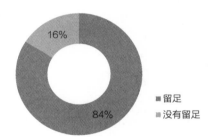

图18　案例样本生态空间与视线通廊是否留足的情况统计

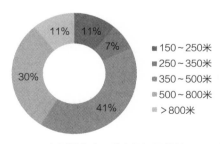

图19　案例样本中干路之间间距统计

A. 政府前面　B. 交通路口　C. 镇中心　D. 主要公共建筑前面　E. 其他

小城镇均规划了数个广场，数量最多的为江苏省某镇，多达21处，少的为1处。广场面积较大，44%的小城镇中面积最大的广场在1公顷以下，28%的小城镇面积最大的广场在2公顷以上，黑龙江某镇规划期末（2030年）镇区2.3万人的小镇，其广场面积达5公顷。

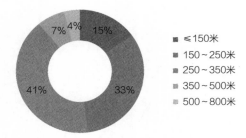

图20　案例样本中支路之间间距统计

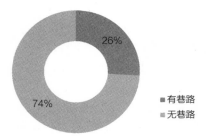

图21　案例样本中有无巷路的情况统计

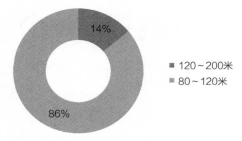

图22　案例样本中支路之间间距统计

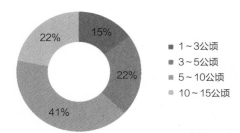

图23　案例样本中规划新建区域街坊尺度情况统计表

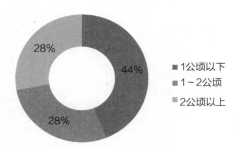

图24　案例样本中规划的最大广场面积统计

二、规划案例名单

序号	区域	省	规划
1	东北	吉林省	公主岭市八屋镇总体规划（2010—2030）
2		内蒙古自治区	内蒙古多伦县多伦诺尔镇旧区修建性详细规划
3		内蒙古自治区	鄂托克旗乌兰镇绿地系统规划
4		山西省	洪洞县广胜寺镇总体规划（2011—2030）
5	华北	河北省	武安市伯延镇总体规划（2010—2020）
6		天津市	天津军粮城示范镇一期安置区修建性详细规划
7		北京市	大兴区西红门镇城乡结合部整体改造试点规划方案
8		北京市	北京市房山区十渡镇总体规划（2007—2020）
9		福建省	晋江市金井综合改革建设试点镇总体规划（2010—2030）
10		福建省	安溪县湖头综合改革建设试点镇总体规划（2011—2030）
11		江苏省	昆山市张浦镇总体规划（2010—2030）
12		江苏省	沭阳县华冲镇总体规划（2011—2030）
13		江苏省	宝应县泛水镇老镇区控制性详细规划
14		江苏省	无锡市惠山区洛社镇城市设计及控制性详细规划
15		江苏省	常州市武进区嘉泽镇总体规划（2011—2030）
16		江苏省	高淳县东坝镇总体规划（2011—2030）
17		江苏省	金坛市薛埠镇镇区核心区控制性详细规划
18		江苏省	盐都区郭猛镇统筹城乡发展规划（2009—2030）
19	华东	江苏省	铜山区汉王镇老镇区综合整治规划
20		浙江省	杭州市余杭区塘栖小城市培育试点镇总体规划（2011—2030）
21		浙江省	宁波市宁海县西店镇总体规划（2010年—2030）
22		浙江省	永嘉县岩头镇总体规划（2011—2030）
23		浙江省	嘉兴市秀洲区王江泾省级小城市培育试点镇总体规划（2011—2030）
24		浙江省	宁波市宁海县西店镇总体规划（2010年—2030）
25		安徽省	芜湖县六郎新市镇总体规划（2012—2030）
26		安徽省	绩溪县伏岭镇总体规划（2011—2030）
27		安徽省	蚌埠市淮上区曹老集镇总体规划（2012—2030）
28		江西省	彭泽县马当镇区控制性详细规划
29		江西省	高安市八景镇总体规划（2009—2030）

序号	区域	省	规划
30	华南	广西壮族自治区	合浦县党江镇总体规划（2012—2030）
31		广西壮族自治区	贺州市八步区贺街镇总体规划（2011—2030）
32		广西壮族自治区	武鸣县太平镇总体规划（2011—2030）
33		海南省	陵水县新村镇总体规划（2009—2025）
34	华中	湖南省	桃花源镇总体规划（2011—2030）
35		湖南省	屈原管理区营田镇总体规划（2010—2030）
36		湖南省	汨罗市屈子祠镇中心镇区详细规划
37		湖北省	荆门市漳河镇总体规划（2012—2030）
38		湖北省	黄梅县五祖镇总体规划（2011—2030）
39		湖北省	孝南区肖港镇总体规划（2012—2030）
40		湖北省	巴东县野三关镇建设规划（2011—2030）
41		湖北省	中国"农谷"核心区石龙镇总体规划（2012—2030）
42		河南省	林州市横水镇总体规划（2010—2030）
43	西北	新疆维吾尔自治区	和什托洛盖镇总体规划（2012—2030）
44		新疆维吾尔自治区	乌鲁木齐市米东区长山子镇总体规划（2012—2030）
45		新疆维吾尔自治区	哈密市天山乡总体规划（2012—2030）
46		新疆维吾尔自治区	新疆生产建设兵团农十师一八五团（克孜勒乌英克镇）总体规划（2011—2030）
47		青海省	青海省尖扎县坎布拉镇总体规划（2010—2020）
48		陕西省	咸阳市旬邑县太村镇总体规划（2009—2020）
49		甘肃省	永登县连城镇总体规划（2007—2020）
50	西南	云南省	腾冲县荷花旅游小镇总体规划（2010—2025）
51		贵州省	清镇市卫城镇总体规划、控制性详细规划及城市设计（2012—2030）
52		贵州省	台江县施洞镇总体规划（2012—2030）
53		贵州省	印江县木黄镇总体规划（2013—2030）
54		四川省	成都市龙泉驿区茶店镇一般场镇改造规划
55		四川省	绵竹市汉旺镇总体规划（2010—2030）
56		四川省	眉山市洪雅县柳江镇总体规划（2010—2030）
57		四川省	崇州市街子镇总体规划（2009—2020）
58		重庆市	垫江县高峰镇总体规划（2009—2030）
59		重庆市	重庆市石柱县西沱古镇总体规划（2010—2025）
60		重庆市	重庆市合川区肖家镇总体规划（2009—2020）

附录二
实地调研案例

一、实地调研问卷及访谈汇总分析

（一）基本情况

1. 您的年龄？

A. 0~20岁　B. 21~50岁
C. 50岁以上

调查对象按年龄段分为0~20岁、21~50岁、50岁以上三个阶段，从各部分比例来看，本次调查问卷的主要被访群体为21~50岁的青年人，占到了总人数的79%。

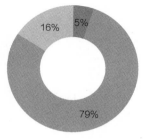

图1　受访者年龄构成统计

2. 您的性别？

A. 男　B. 女

在本次调查中，男性占总人数的63%，女性占37%。

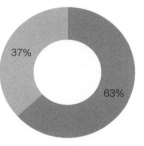

图2　受访者性别统计

3. 您的家庭住址？

A. 镇区　B. 村

调查主要针对的是小城镇居民，其中有79%的被访谈者居住在镇区，21%的被访谈者居住在村里。

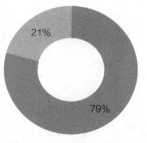

图3　受访者家庭住址统计

4. 您的职业？

A. 机关、企事业单位负责人
B. 专业技术人员　C. 办事人员
D. 服务业人员　E. 农民　F. 生产、运输人员　G. 军人　H. 镇区
I. 村其他从业人员

调查对象按职业分为机关、国家企事业单位负责人、专业技术人员、办事人员、服务业人员、农民、生产运输人员、军人和其他行业。根据对有效调查样本数的分析，职业类型涵

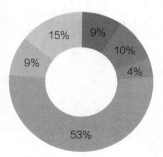

图4　受访者职业统计

盖比较全面。其中最多的还是小城镇中的从事服务业的人员。

（二）整体印象

5. 您对小镇目前的整体形象满意吗？

A. 满意　B. 不满意

67%的民众对小镇目前的整体形象满意，33%的
民众对小镇目前的整体形象不满意。

6. 您觉得小镇的特色在哪里？

A. 河边　B. 广场　C. 现代小区　D. 高楼　E. 街巷　F. 林荫道　G. 新建的公共
设施　H. 民居　I. 其他

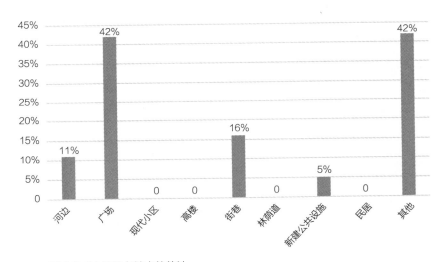

图5　受访者对小镇整体形象满意度统计

图6　受访者对小镇特色地点的统计

大多数民众认为广场是小镇的特色所在，另外除去广场、河边、街巷、新建的公共设
施，其他一些题目中未提及的场所，如古树、吊桥、祠堂、茶楼、传统节日和赛事、赶集、
庙会、特产小吃等，也被很多人认为是小镇的特色所在。

7. 您觉得小镇最值得一看的地方在哪里？

A. 河边　B. 广场　C. 民居　D. 市场　E. 其他

受访民众中大多数认为广场是小镇值得一看的地方，另外除去民居、河边、市场外，其
他一些题目中未提及的地方，如周边的旅游景点、祠堂寺庙等特色建筑、草场沙滩等特色自
然环境等，也被很多人认为是小镇值得一看的地方。

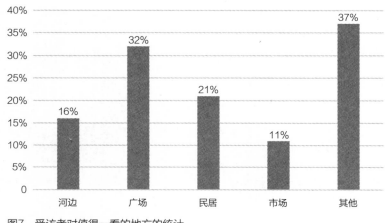

图7　受访者对值得一看的地方的统计

（三）居住环境

8. 您对小镇的居住环境满意吗？

A．满意　B．尚可接受　C．不满意

对于小镇目前的居住生活环境，有39%民众认为满意，50%认为尚可接受，11%认为不满意。

9. 您理想中的居住环境是什么样子的?

A．安全　B．卫生　C．舒适　D．大树
E．水　F．公共活动的广场　G．便民市场、商店　H．辨识度高的单体建筑　I．其他

民众对居住环境中期望值最高的是希望能有公共活动广场，有大树环绕，同时希望居住环境是卫生、安全、舒适的。

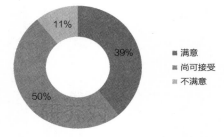

图8　受访者对居住环境评价的统计

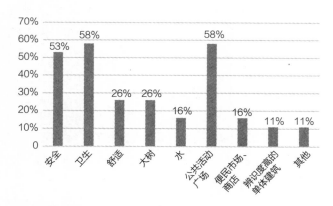

图9　受访者对理想中居住环境意象的统计

10．您对目前的住房满意吗？

A．满意　B．尚可接受　C．不满意

73%的受访民众对目前的住房情况表示满意，20%的民众表示尚可接受，还有7%的民众对目前住房不满意。

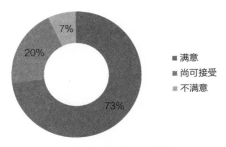

图10　受访者对住房的满意度统计

11．您理想中的住房是什么样子的？

A．多层楼房　B．高层楼房　C．平房　D．独门独院

44%的民众理想中的住房是独门独院的，28%认为理想中的住房是多层楼房，17%认为理想中的住房是平房，还有11%认为理想中的住房是高层楼房。

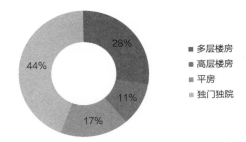

图11　受访者理想中的住房统计

12．您家目前自住的房屋为什么类型？

A．自建房　B．购买的商品房　C．普通租房　D．廉租房　E．集体建设的新农村住宅

54%的民众房屋是自建房，33%的民众房屋是购买的商品房，13%的为租赁住房。

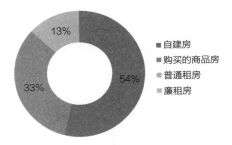

图12　受访者的自住房屋类型统计

（四）公共服务

13．您对小镇的公共场所满意吗？

A．满意　B．尚可接受　C．不满意

50%的民众对于小城镇的公共场所表示满意，28%认为尚可接受，还有22%认为不满意。

14．您理想中的广场、绿地是什么样子的？

A．安全　B．卫生　C．舒适　D．树阵　E．多样的植物配置　F．花架　G．凉亭　H．健身器材　I．儿童游戏设施　J．跳广场舞的充足场地　K．景观小品　L．其他

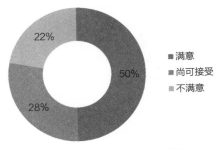

图13　受访者对公共场所满意度的统计

绿地广场上的设施是民众最为关注和需要的，其中82%的受访民众表示理想中的广场首先要有健身器材，另外多样的植物、广场舞场地也是民众迫切需要的。

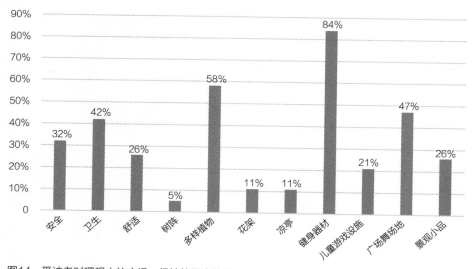

图14 受访者对理想中的广场、绿地的需求统计

15. 您理想中的商业设施是什么样子的?

A. 安全 B. 卫生 C. 舒适 D. 可以休憩的街头家居 E. 景观小品 F. 宜人的绿化 G. 指示路标 H. 规范而不失变化的广告标识 I. 建筑空间具有地域特色 J. 便捷的交通 K. 放心的购物环境（市场管理、产品质量保证、店铺间的和谐相处、无欺行霸市）

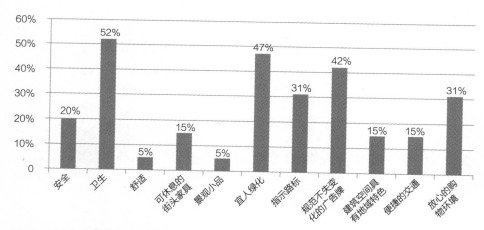

图15 受访者对理想中的商业设施的意象统计

民众理想中的商业设施首先是要卫生，另外拥有宜人的绿化、规范而不失变化的广告标识也很重要。

16. 如果有学龄儿童，中小学会在哪上?

A. 镇区 B. 县城 C. 市区 D. 其他地区

76%的民众表示希望孩子在镇区就近入学，19%表示会让孩子到县城接受更好教育，5%的民众表示会将孩子送到市区上学。

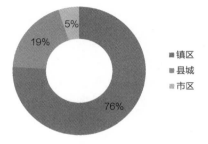

图16　受访者希望的孩子上学地点统计

17. 你认为镇区急需增设哪种教育设施？

A. 幼儿园　B. 小学　C. 初中　D. 高中

分别有10%、24%、29%、38%的民众表示初中、幼儿园、小学、高中设施数量紧张。

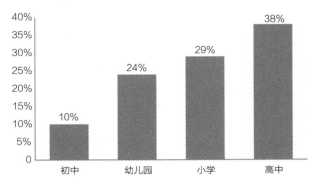

图17　受访者认为急需的教育设施的统计

18. 您认为镇区最缺少或应该改善哪些设施和服务？

A. 体育场地和设施　B. 儿童游乐场地设施　C. 图书馆　D. 文化馆、青少年宫
E. 科技馆　F. 老年活动中心　G. 健身场地　H. 影剧院

年轻人普遍认为体育场地、健身场地、影剧院、儿童娱乐设施等设施较为缺乏。

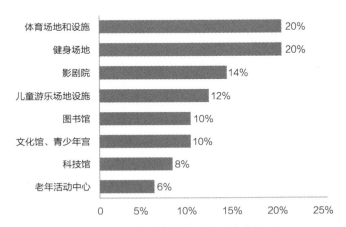

图18　受访者认为缺乏或应该改善的设施和服务统计

19．您会选择哪一类养老方式?

A. 居家养老　B. 村里的养老院　C. 镇区
的养老院　D. 县市的养老院

62%的民众希望以后能居家养老，33%表示会
选择镇区的养老院，有5%的民众选择县市的养老
院养老。

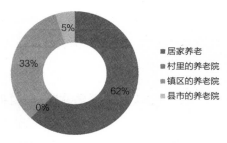

图19　受访者希望的养老方式情况统计

（五）行政办公

20．您认为目前的行政办公（区）尺
度、样式合适吗?

A. 合适　B. 尚可接受　C. 不合适

61%的民众认为目前的行政办公区尺度合适，
有33%认为尚可接受，还有6%的民众认为目前的
行政办公区尺度不合适。

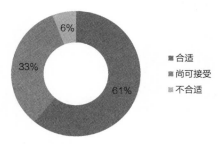

图20　受访者对目前行政办公（区）尺
度、样式合适度统计

（六）中小学

21．您认为目前的学校形象如何?

A. 破旧　B. 无特色　C. 规模不够　D. 有
特色

56%的民众认为目前的学校形象有特色，25%
认为目前学校形象无特色，13%的民众认为学校破
旧，还有6%认为学校规模不够。

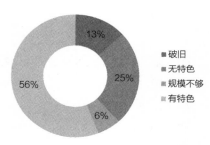

图21　受访者对学校形象的认知情况统计

二、实地调研案例名单

序号	区域	省名	镇名
1	东北	黑龙江省	海林市横道河子镇
2		黑龙江省	哈尔滨市双城区农丰满族锡伯族镇
3		黑龙江省	哈尔滨市双城区单城镇
4		吉林省	吉林市二道白河镇
5	华北	河北省	唐山市大新庄镇
6		北京市	房山区窦店镇
7		北京市	大兴区青云店镇
8	华中	湖北省	红安县七里坪镇
9		湖北省	红安县永佳河镇
10	华东	浙江省	安吉县天荒坪镇
11		浙江省	安吉县鄣吴镇
12		浙江省	德清县莫干山镇
13		浙江省	德清县新市镇
14		江苏省	高邮市龙虬镇
15		江苏省	南通市通州区石港镇
16		江苏省	南通市海安县曲塘镇
17		江苏省	盐城市东台市安丰镇
18		江苏省	盐城市盐都区大纵湖镇
19		江苏省	盐城市亭湖区盐东镇
20		安徽省	合肥市三河镇
21		安徽省	淮南市正阳关镇
22		安徽省	六安市毛坦厂镇
23		安徽省	滁州市半塔镇
24		安徽省	滁州市汊河镇
25		福建省	泉州市金井镇
26		福建省	厦门市灌口镇
27		福建省	南安市水头镇
28	华南	广东省	中山市三乡镇
29		广东省	中山市古镇镇
30		广东省	韶关市九峰镇
31		广西壮族自治区	贺州市黄姚镇
32		广西壮族自治区	北海市党江镇

序号	区域	省名	镇名
33	西南	四川省	成都市黄龙溪镇
34		四川省	阿坝藏族羌族自治州水磨镇
35		四川省	阿坝藏族羌族自治州映秀镇
36		云南省	红河哈尼族彝族自治州临安镇
37		云南省	红河哈尼族彝族自治州迤萨镇
38		云南省	楚雄彝族自治州黑井古镇
39		云南省	楚雄彝族自治州石羊镇
40		贵州省	贵阳市青岩镇

[1] 中国城市科学研究会，住房和城乡建设部村镇建设司，中国城镇规划设计研究院. 中国小城镇和村庄建设发展报告[M]. 北京：中国城市出版社，2014.

[2] 住房和城乡建设部计划财务与外事司. 中国城乡建设统计年鉴[M]. 北京：中国计划出版社，2009.

[3] 费孝通. 小城镇大问题[J]. 1983

[4] （日）芦原义信著，尹培桐译. 街道的美学[M]. 天津：百花文艺出版社，2006.

[5] 华中科技大学建筑城规学院. 城市规划资料集：第3分册小城镇规划[M]. 北京：中国建筑工业出版社，2006.

[6] 潘宜，陈佳骆. 小城镇规划编制的理论与方法[M]. 北京：中国建筑工业出版社，2007.

[7] 王静霞，汤铭潭，谢映霞. 小城镇规划及相关技术标准研究[M]. 北京：中国建筑工业出版社，2009.

[8] 黄耀志，陆志刚，肖凤. 小城镇详细规划设计[M]. 北京：中国建筑工业出版社，2009.

[9] 王士兰，游宏滔. 小城镇城市设计[M]. 北京：中国建筑工业出版社，2004.

[10] 冷御寒. 小城镇规划建设与管理[M]. 北京：中国建筑工业出版社，2005.

[11] 汤铭潭. 小城镇规划技术指标体系与建设方略[M]. 北京：中国建筑工业出版社，2005.

[12] 赵晖等. 说清小城镇——全国121个小城镇详细调查[M]. 北京：中国建筑工业出版社，2017.

[13] 武业钢主编. 海绵城市设计：理念、技术、案例[M]. 南京：江苏凤凰科学技术出版社，2016.

[14] 吴雪飞. 从布局形态入手建构小城镇的特色风貌——以江汉平原小城镇为例[J]. 华中建筑，2003（21）.

[15] 刘鑫垚. 基于美学观的山地城市设计研究[D]. 重庆：重庆大学，2012.

[16] 季松. 江南古镇的街坊空间结构解析[J]. 规划师，2007.

[17] 黄学谦. 田园景观设计方法——以杭州市龙坞镇为例[J]. 今日科苑，2009.

[18] 卞洪滨. 小街区密路网住区模式研究[D]. 天津：天津大学，2010.

[19] 徐谦，杨凯健，黄耀志. 长三角水网地区乡村空间的格局类型、演变及发展对策[J]. 农业现代化研究，2012.

[20] 董珂，卞海涛. 小城镇街道空间的再生与创造[J]. 小城镇建设，2009.

[21] 王倩倩. 自然要素对城镇空间格局的影响[D]. 郑州：郑州大学，2012.

[22] 杨卓. 巴蜀场镇沿街檐廊空间研究[D]. 重庆：重庆大学，2010.

[23] 范宣锴. 城镇化背景下城镇建筑形态控制策略初探[D]. 杭州：浙江大学，2007.

[24] 闫芳. 对民族地区商业街设计的思考——从成都锦里商业街到寻甸县塘子镇商业街的改造[J]. 美与时代(城市版)，2015.

[25] 梁敏，龚亮. 多尺度小城镇色彩控制规划方法研究——以贵州省丹寨县为例[J]. 建筑与文化，2015.

[26] 陈伟玲，赵前锟. 论地域文化特色在城市导视系统中的传承[J]. 现代装饰·理论，2012.

[27] 邢娜. 浅谈城市区域内的建筑设计与文化传承[J]. 城市地理，2015.

[28] 郑志锋，华晨，梁影君. 小城镇色彩规划研究——以浙江省玉环县色彩规划为例[J]. 规划师，2008.

[29] 朱旭辉. 城市风貌规划的体系构成要素[J]. 城市规划，1993.

[30] 刘佳福，陈占文. 格局环境肌理——"织补"策略引导下的承德市历史文化名城保护方法[J]. 中国名城，2010.

[31] 赵万民，倪剑. 西南小城镇风貌规划的有机性思维——以重庆市黄水镇风貌规划为例[J]. 小城镇建设，2008.

[32] 李菁.《乾隆京城全图》中的合院建筑与胡同街坊空间探究[J]. 中国建筑史论汇刊.

[33] 黄平. 现代小城镇建筑风貌的形成与发展[D]. 南京：东南大学，2003.

[34] 尹晓民. 小城镇的特色及其塑造[D]. 天津：天津大学，2005.

[35] 秦硕，覃琳，谢力. 小城镇风貌的文化传承与个性化发展——结合欧洲三个小镇的探讨[J]. 重庆建筑，2014.

[36] 雷玉玲. 中西部地区中小城镇风貌特色之误区及挑战[J]. 中国园林，2000.

[37] 尹晓民. 小城镇的特色及其塑造[D]. 天津：天津大学，2005.

[38] 秦硕，覃琳，谢力. 小城镇风貌的文化传承与个性化发展——结合欧洲三个小镇的探讨[J]. 重庆建筑，2014（3）：17-20.

[39] 雷玉玲. 中西部地区中小城镇风貌特色之误区及挑战[J]. 中国园林，2000，16（6）：16-17.

[40] 乔军，余瑛. 传统建筑材料在现代建筑中的创新应用[J]. 大众文艺，2014：71-71.

[41] 顾红男，聂天奋. 建筑方言符号构建研究——以贵州遵义地区为例[J]. 西部人居环境学刊，2013（2）：31-35.

[42] 黄亚平，汪进. 论小城镇特色的塑造[J]. 城市问题，2006：6-9.

[43] 韩林飞，黄斯聪．我国中小城镇特色建设问题分析和思考[J]．规划师，2013：230-235．

[44] 袁中金，朱建达，李广斌，王勇．对小城镇特色及其设计的思考[J]．城市规划，2002：49-50．

[45] 唐琦．小城镇风貌规划初探[J]．小城镇建设，2010：49-50．

[46] 2011年、2013年度各地报送《全国优秀城乡规划设计奖（村镇规划类）》设计评选规划成果．

[47] 江苏省住房和城乡建设厅．江苏省小城镇空间特色塑造指引（2016年版）[EB]．2016．3.

[48]《第一批中国特色小镇案例集》，中华人民共和国住房和城乡建设部。